WIRTSCHAFT HACKEN

Uwe Lübbermann

WIRTSCHAFT HACKEN

Von einem ganz normalen Unternehmer,
der fast alles anders macht

Mit Illustrationen von
Lennart Herberhold

Uwe Lübbermann: Wirtschaft hacken. Von einem ganz normalen Unternehmer, der fast alles anders macht

ISBN (Print)   978-3-96317-233-5
ISBN (ePDF)   978-3-96317-770-5
DOI: 10.14619/978-3-96317-770-5

Erschienen 2021 Büchner-Verlag eG, Marburg, www.buechner-verlag.de

Der Originaltext dieses Werks erscheint unter den Bedingungen der Creative-Commons-Lizenz CC-BY-NC 3.0 DE: https://creativecommons.org/licenses/by-nc/3.0/de/. Diese Lizenz erlaubt unter dem Vorbehalt einer nicht-kommerziellen Nutzung und der Namensnennung des Urhebers die Bearbeitung, Vervielfältigung und Verbreitung des Materials in jedem Format oder Medium. Die Bedingungen der Creative-Commons-Lizenz gelten nur für das Originalmaterial. Die Wiederverwendung von Material aus anderen Quellen wie Textauszügen oder Abbildungen erfordern ggf. weitere Nutzungsgenehmigungen durch die jeweiligen Rechteinhaber_innen.

Bildnachweis Cover und Illustrationen im Innenteil: © Lennart Herberhold
Kontakt: lennartherberhold@yahoo.de

Die Illustrationen dieses Werks erscheinen unter den Bedingungen der Creative-Commons-Lizenz CC BY-NC-ND 3.0 DE: https://creativecommons.org/licenses/by-nc-nd/3.0/de/. Diese Lizenz erlaubt unter dem Vorbehalt einer nicht-kommerziellen Nutzung und der Namensnennung des Urhebers die Vervielfältigung und Verbreitung des Materials in jedem Format oder Medium, aber nur in unveränderter Form.

Satz: DeinSatz Marburg | tn
Gesetzt aus der Mark Pro und der Adobe Garamond Pro

Die Printausgabe dieses Buches wurde gedruckt von Gugler GmbH, Melk/Donau

Printed in Austria

 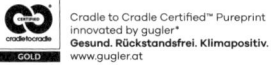

Bibliografische Informationen der Deutschen Nationalbibliothek

Die Deutsche Nationalbibliothek verzeichnet diese Publikation in der Deutschen Nationalbibliografie, detaillierte bibliografische Angaben sind im Internet über http://dnb.de abrufbar.

Inhalt

Vorwort 13

Einleitung 17

1 Meine Grundannahmen und Menschen,
  mit denen ich zusammenarbeite 21

2 Führungsaufgaben in einem Kollektiv 37

3 Dilemma-Uwe 51

4 Fusion 63

5 Sicherheit durch Unsicherheit 71

6 BWL-Inseln 85

  Das gute Geschäft. Ein unmoralischer Deal?
  Jürgen Radel 87

Der verdeckte Lehrplan in der BWL
Martin Parker 98

Premium-Lehre/n
Claudia Brözel 103

Werte in Strukturen einbetten
Anke Turner 108

Demokratie und Partizipation in Unternehmen
Laura Marie Edinger-Schons 111

7 Das Beste aus zwei Welten 115

8 Wie ich wurde, was ich bin 127

9 In welcher Welt könnten wir leben? 137

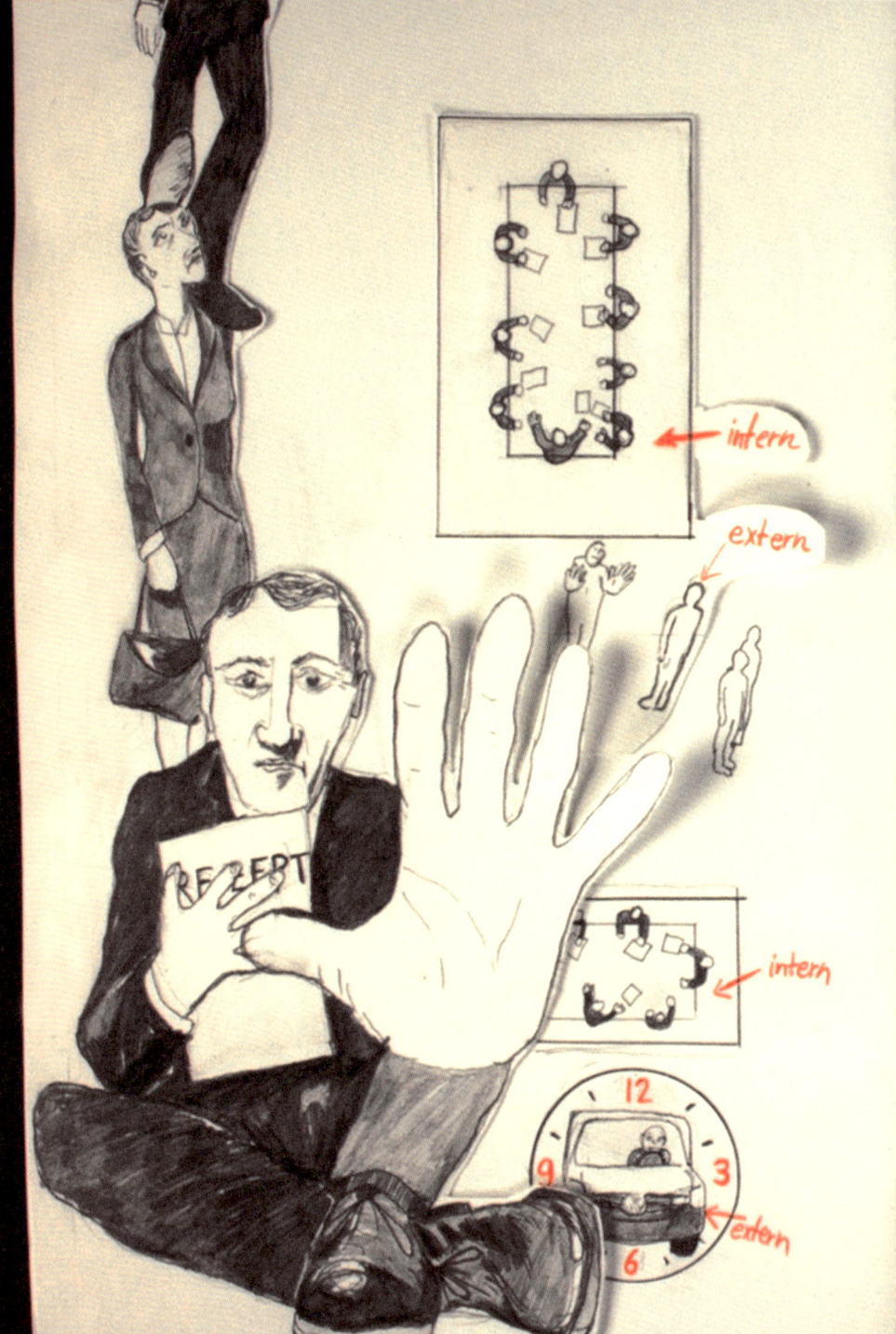

Vorwort

Ich hatte schon länger die Idee, ein Buch über meine Arbeit zu schreiben. Nicht, weil ich mir gern ein Andenken setzen oder den vielen Erfolgsgeschichten, die wir von Unternehmerinnen kennen, eine weitere hinzufügen wollte, sondern vor allem aus dem Wunsch heraus, meine Art, mit Menschen und Wirtschaft umzugehen, einem breiteren Publikum zur Nachahmung zu empfehlen. Das Buch schließt in dieser Hinsicht an über tausend Vorträge an, die ich an verschiedensten Orten in den letzten dreizehn Jahren gehalten habe, um für meine Vorstellung einer Wirtschaft zu werben, die mehr auf Kooperation als auf Konkurrenz setzt, die das Erreichen gemeinsamer Ziele den einsamen Siegen vorzieht, und die wirtschaftlichen Erfolg vor allem daran bemisst, wie gut alle Teilnehmerinnen an der gemeinsamen Unternehmung versorgt werden können.

Dabei ist diese soziale Gesinnung kein reiner Altruismus. Sie unterstützt meine unternehmerischen Ambitionen und dient auch meinen eigenen Interessen. Sie sichert mich ab, mehrt meinen Wohlstand und beschert mir ein gutes Gewissen. Dafür folgt sie einer ethischen Grundregel, die ich als »Gleichwürdigkeit aller Menschen« bezeichne. Diese sehe ich beispielsweise dann verletzt, wenn ein Mensch seine Überlegenheit gegenüber anderen zu deren Schaden ausnutzt.

Allerdings bin ich kein Theoretiker, sondern ein Unternehmer. Insofern geht es in diesem Buch nicht darum, eine Unternehmens- oder – Gott bewahre – Lebensphilosophie aufzuschreiben, sondern darum, die Erfahrungen zu teilen, die ich gemacht habe. Dafür habe ich nach Partnern gesucht und mich schließlich für den Büchner-Verlag entschieden. Auch andere signalisierten Interesse, waren aber weniger kooperativ – sie stimmten zum Beispiel keiner kostenlosen Verbreitung des E-Books zu. Für mich war das ein entscheidendes Kriterium, weil mir Reichweite wichtiger ist als Geld. Außerdem kam es mir auf gegenseitige Sympathie und gemeinsame Überzeugungen an: Fairness, möglichst keine Verträge, sondern alles flexibel halten und trotzdem treu sein. Mit offenen Absprachen, die immer neu nachjustiert werden können, damit alle zufrieden bleiben. Ein kollektives Unternehmen. So kam ich schließlich zum Büchner-Verlag, einem genossenschaftlichen Unternehmen mit mehrheitlich weiblicher Beteiligung. Auch das fand ich gut. Der Verlag wiederum brachte einen Co-Autor ins Spiel, der mir geholfen hat, das Buch zu schreiben und der – seinem Wunsch entsprechend – namentlich aber nicht genannt wird.

Ich komme aber nicht allein zu Wort. Meine Stimme wird durch die Stimmen von Kolleginnen und Geschäftspartnerinnen ergänzt, damit ein breiteres Bild entsteht. Außerdem äußern sich einige Wirtschaftswissenschaftlerinnen zu Wort, mit denen ich schon länger zusammenarbeite. Sie verknüpfen meine Arbeit mit verschiedenen Modellen aus der Ökonomie. Den Abschluss bildet eine Art nachgetragener Auto-Biographie, eine kurze Skizze der Wegmarken, die vielleicht erklären, wie ich wurde, was ich bin. Sie soll Mut machen, es mir nachzutun – das heißt: selbst etwas zu unternehmen, um unsere Wirtschaft ein bisschen sozialer und nachhaltiger zu machen. Wie das im Einzelnen gehen kann, erzählen die vorangehenden Kapitel anhand einzelner Fragen. Was ist ein Kollektiv? Was bedeutet es überhaupt, zusammenzuarbeiten? Wo hört das eigene Unternehmen auf und wo fängt das fremde an? Wie findet man gemeinsam die beste Lösung? Wie viel Führung brauchen kollektive Unternehmungen und welche Aufgaben hat sie? Wieso muss ich auf dem Fusion Festival weder den Eintritt noch mein Bier bezahlen? Und wie habe ich meine Hauptunternehmung, den Getränkeproduzenten Premium-Kollektiv, durch die Coronakrise geführt?

 Neuigkeiten kommuniziere ich übrigens auf www.twitter.com/luebbermann unter #wirtschafthacken und freue mich auch, wenn man das aufgreift und selbst anfängt, zu hacken.

Hamburg im April 2021
Uwe Lübbermann

Einleitung

Als die Bundesregierung Mitte März 2020 begann, auf die Covid-19-Pandemie mit weitreichenden Schließungen und Kontaktbeschränkungen zu reagieren, war mir sofort klar, dass zahlreiche Firmen in eine prekäre Lage geraten würden. Vor allem würde es diejenigen betreffen, die wie das Premium-Kollektiv ihre Umsätze zu 95 Prozent in der Gastronomie und bei Veranstaltungen machen. Wie überleben wir das? Für einen Moment war ich versucht, in dieser Ausnahmesituation als Inhabender des Unternehmens die Demokratie auszusetzen und radikale Kürzungen und Streichungen anzuordnen. »Kleinmachen, großmachen«, hieß stattdessen unser Kurs, der rückwirkend leicht erklärt ist. In der Situation selbst, in der wir unser Handeln einer neuen Lage anpassen mussten, die sich über Nacht verändert hatte, war das eine enorme Belastung. Wir haben alle betroffenen Kollektivmitglieder gefragt, ob wir ihre Rollen kürzen oder streichen dürfen, ob wir Lieferungen und Produktionen verschieben dürfen und ob wir Zahlungen verschieben oder streichen dürfen. Die Entscheidung darüber lag immer bei den Betroffenen selbst und war stets verbunden mit einer weiteren Frage: Brauchst du in dieser Ausnahmesituation irgendetwas von uns im Voraus? Solange wir können, bekommst du das auch. Niemanden wollten wir hängen lassen, weder unsere Kollektivistinnen[1] noch unsere Geschäftspartnerinnen. Wer unbedingt Geld brauchte, bekam es auch. Wo uns dies erlaubt wurde, haben wir aber Zahlungen geschoben. Einige Kollektivistinnen (alle sind selbstständig) bezogen staatliche Soforthilfen und konnten so auf Honorarzahlungen verzichten; Eine ganze Reihe unserer Lieferantinnen willigte ein, dass wir sie später bezahlen dürften, wenn die Geschäfte wieder besser liefen – ohne Zinsen versteht sich. Einige waren aber doch auf Zahlungen angewiesen und die konnten wir auch großzügig bedienen, ebenfalls im Voraus, wenn das nötig war, und selbstredend auch ohne für unsere Vorschüsse Zinsen zu verlangen. Einer unserer Vertriebsmitarbeiter hatte beispielsweise versäumt, seine Steuererklärung abzugeben und sah sich deshalb mit einer hohen Forderung seitens des Finanzamts konfrontiert. Als er uns das mitteilte, haben wir ihm das benötigte Geld einfach überwiesen. Achttausend Euro. Das ist für uns kein kleiner Betrag, unser Jahresumsatz liegt bei lediglich sechshunderttausend Euro, aber das ist eben Solidarität. Sich großmachen heißt, keinen im Stich lassen. Das war möglich, weil wir uns dort, wo es ging, kleinmachen konnten und sich andere für uns großmachten, weil sie wussten, dass wir unsererseits für andere einstanden.

Auf den ersten Blick sieht das vielleicht seltsam aus. Warum sollte eine Firma für andere einstehen, wenn es im Kapitalismus doch darum geht, den eigenen Vorteil zu maximieren und wir alle Einzelkämpferinnen sind? Wir merken jedoch jeden Tag, dass das gut funktioniert und für alle Vorteile hat. Wenn ich mich anderen gegenüber fair verhalte und mich mit ihnen solidarisiere, verhal-

---

[1] Bei uns arbeiten etwa gleich viel Männer wie Frauen, im Kollektiv sind auch einige Diverse. Ich verwende das generische Femininum. Wenn ich Kollektivistinnen schreibe, sind Männer und Diverse darin eingeschlossen.

ten sie sich mir gegenüber früher oder später genauso – meistens jedenfalls.

Wir ziehen keine Grenze zwischen uns und denen, mit denen wir zusammenarbeiten, also unseren Zuliefererinnen, Spediteurinnen oder Kundinnen. Wer von uns betroffen ist, gehört dazu. Und wer dazugehört, darf mitreden. Das bedeutet: Man sitzt mit am Tisch, wenn darüber gesprochen wird, wer was wann macht und was man dafür bekommt. Das handeln wir alles aus, konsensdemokratisch. Denn keine ist wichtiger als die andere. Schließlich kann niemand von uns das Geschäft allein machen. Jemand muss den Sirup herstellen, die Cola mischen, die Etiketten und die Flaschen produzieren, befüllen, liefern, abrechnen und buchhalten. Jemand muss all diese Prozesse organisieren und schließlich muss jemand die Cola kaufen. Erst dann ist das Unternehmen komplett und es gibt keinen Grund anzunehmen, eine Beteiligte wäre wichtiger als die andere.

Sicher, es gibt einen Markt für Flaschen, Etiketten, Sirup, Frachtkontingente und natürlich Arbeitskräfte und wir haben uns als Gesellschaft daran gewöhnt, Leistungen nach ihrem Marktpreis zu bezahlen, das heißt nach der Macht, die jemand gegenüber anderen hat. Im Premium-Kollektiv finden wir das jedoch nicht richtig. Niemand sollte diese Macht oder Überhand gegenüber anderen ausüben, denn wir glauben, dass alle Menschen gleichwürdig sind und mithin die gleichen Rechte und Freiheiten haben sollten und nicht eine Person mächtiger sein sollte als andere. Genau genommen ist sie das auch nicht, auch nicht in den traditionellen Unternehmen, in denen es eine Chefin oder Inhaberin gibt, die alles steuert und das meiste Geld kassiert. Denn was hilft es ihr, die Chefin zu sein, wenn sie nicht den Sirup anrühren, die Cola mischen und abfüllen und den Lkw fahren kann, der die Sachen zu Kundinnen bringt, wenn sie nicht die einzelnen Flaschen ausgeben und abrechnen kann. Das alles kann kein Mensch allein tun, sie braucht dafür viele andere und weil das so ist, sind alle gleich wichtig.

Das Ungleichgewicht entsteht dadurch, dass es Menschen gibt, die etwas besitzen, und andere, die nichts als ihre Arbeitskraft besitzen und diese auf dem Markt zu jedem Preis verkaufen müssen, der ihnen geboten wird, wenn sie nicht im Elend leben möchten. Sie sind nicht frei, wie es die Ideologie des Marktes behauptet, sondern bestenfalls frei zu verhungern, und diese Ungleichheit erzeugt falsche Hierarchien. Wäre es nicht so, dass manche etwas besitzen und viele nichts, und müssten jene, die nichts besitzen, nicht für die Besitzenden um fast jeden Preis arbeiten (weil es beispielsweise ein bedingungsloses Grundeinkommen gäbe), so würde sich die Gleichheit im Geschäftsleben fast von allein herstellen. Die Ungleichheit ist kein Ausdruck unterschiedlicher Leistung, sondern das Resultat einer vorgängigen Ungleichheit, die der Markt perpetuiert.

Da wir diese Ungleichheit aus Gründen der Gleichwürdigkeit aller Menschen ablehnen, verdienen bei uns alle denselben Stundenlohn, ich natürlich auch. Zulagen gibt es nur für besondere Bedürfnisse, zum Beispiel wenn jemand Kinder hat oder Angehörige pflegt, eine Behinderung hat, oder ein häusliches Arbeitszimmer braucht (wir hatten noch nie ein Büro). Denn all das macht das Leben besonders teuer und Kollektivistinnen, die damit zu tun haben, brauchen entsprechend mehr Geld, um ihre grundlegenden Bedürfnisse zu befriedigen.

Wie dieses egalitäre und partizipative Geschäftsmodell im Einzelnen funktioniert, welche Vorteile es bringt und welche Probleme es löst, aber auch welchen Herausforderungen es sich gegenübersieht, möchte ich im Folgenden beschreiben. Dabei kommen auch einige Kollektivistinnen und andere Betroffene zu Wort. Einige von ihnen stelle ich im nächsten Kapitel vor, um einen Einblick in unser Kollektiv zu geben und einige Grundannahmen unseres Arbeitens, die ich hier nur angerissen habe, genauer darzustellen.

1

Meine Grundannahmen und Menschen, mit denen ich zusammenarbeite

Zu den Menschen, mit denen ich zusammenarbeite und an deren Beispiel ich zeigen kann, wie wir arbeiten, gehört zum Beispiel Michael. Michael ist unser Spediteur. Er holt die Getränke bei uns ab und bringt sie zu den Kundinnen. Das sind in der Regel Getränkehändlerinnen, die die Ware weiter an die Gastronomie verteilen. Als ich ihn das erste Mal anrief, um mit ihm eine Fuhre zu verabreden, war er ziemlich erstaunt, dass ich mit ihm nicht wie üblich verhandelte. Ich sagte ihm nicht, wann er die Ware bei uns abholen und wo er sie wann (möglichst auf die Stunde genau) abliefern sollte, sondern fragte ihn erst einmal, ob er die Lieferung überhaupt machen wollte und wann sie ihm zeitlich passen würde. Im nächsten Schritt startete ich keine Preisverhandlungen mit ihm, sondern fragte ihn, wie viel Geld er bräuchte, damit er die Fahrt machen könne. Außerdem sagte ich ihm, wie viel die Getränkehändlerin bezahlen könne – vor dem Hintergrund des Verkaufspreises im Markt und des Einkaufspreises bei uns. Am Ende einigten wir uns auf einen Preis, mit dem jede gut leben konnte.

Das beschreibt mein Ziel bei dem, was man unter Geschäftsleuten gemeinhin Verhandlungen nennt. Es geht nicht darum, für mich selbst das Optimum rauszuholen, durch Tricks oder das Ausnutzen eines Vorteils, sondern darum, eine Vereinbarung zu finden, mit der alle Beteiligten gut leben können. Nur so lassen sich stabile Strukturen aufbauen.

Wenn der Spediteur Michael mit dem Lohn gut leben kann, fährt er zuverlässig. Wenn die Getränkehändlerin mit den Frachtkosten gut leben kann, kann ich Michael weiterhin beauftragen – und wir können unsere Getränke verkaufen. Jede ist zufrieden und die Sache läuft stabil, über viele Jahre. Es gibt in dieser Hinsicht kaum Probleme, im Gegenteil. Das ist mein Lieblingskriterium für Erfolg: die Abwesenheit von Problemen. Eine Erfolgskennzahl als Beispiel: eine Null, das heißt kein einziger Rechtsstreit in mehr als neunzehn Jahren Betrieb mit zuletzt 1 700 gewerblichen Partnerinnen.

Das ist jedoch nicht alles. So zu arbeiten bedeutet nicht nur, weniger Schwierigkeiten zu haben, sondern bietet auch einen wesentlichen Mehrwert. Alle Beteiligten fassen Vertrauen zueinander und schätzen sich gegenseitig wert. Man achtet aufeinander. Genauso wenig wie wir versuchen, aus Michael den besten Preis für uns herauszuholen, versucht er das bei uns. Er ist beim Verladen sehr gewissenhaft, auch da, wo es eigentlich nicht seine Aufgabe ist. Hat der Händler die Paletten ordentlich gestapelt? Wenn nicht, entsteht schnell Bruch, der teuer ist. Für uns, nicht für ihn. Indem wir die Grenzen zwischen mir und dir, mein und dein in den Vereinbarungen aufheben, verschwinden sie auch in der Zusammenarbeit. Michael achtet auf unsere Sachen wie auf seine eigenen.

Das gilt auch im Hinblick auf geschäftliche Interessen. Wenn beispielsweise eine Händlerin in eine Schieflage zu kommen droht und Waren vielleicht bald nicht mehr bezahlen kann, informiert Michael uns. Die Anzeichen dafür erkennt er mit seinen mehr als dreißig Jahren Berufserfahrung schon, wenn er beim Getränkemarkt auf den Hof fährt. Was steht an Leergut rum? Wie sehen die Gabelstapler aus? Was machen die Mitarbeiterinnen für einen Eindruck? Man redet ja auch beim Laden. Und Michael hält für uns die Augen und Ohren offen.

Einmal erzählte er mir im Vorfeld, dass eine unserer Kundinnen in drei Monaten von einer Konkurrentin aufgekauft werden würde. Er hatte schon länger bemerkt, dass es bei der einen schlecht und bei der anderen gut lief und in der Folgezeit das Auto Letzterer ein paar Mal vor dem Betrieb unserer Kundin stehen sehen. Natürlich fragte er sich: »Worüber reden die wohl? Über eine Übernahme. Und wann wäre das sinnvoll? Zum Jahresende.« Darüber informierte er mich, weswegen ich entsprechend reagieren und die Gastronominnen informieren konnte. An den Lieferwegen musste ich nichts ändern, die macht Michael weiter.

Wir bezahlen Michael nur als Spediteur, bekommen aber einen Außendienstmitarbeiter kostenlos dazu, der auch bei Kundinnen erzählt, wie zufrieden er ist. Das liegt an der Art und Weise, wie wir miteinander umgehen. Dieser Umgang ist ein Kapital an sich. Er ist unserer Erfahrung nach wichtiger als Geld. Über diesen positiven Effekt spreche ich gern, wenn ich andere davon überzeugen will, sich ebenfalls fair zu verhalten. Es rechnet sich. Ich selbst mache das aber zunächst einmal aus Überzeugung. Dass es sich rechnet, ist ein willkommener Nebeneffekt. Und ich halte dieses Verhalten auch dann durch, wenn es sich nicht rechnet oder es vielleicht sogar ausgenutzt wird, weil ich Menschen davon überzeugen möchte, sich meiner Art des Wirtschaftens anzuschließen.

So arbeiten wir beispielsweise seit über dreizehn Jahren mit einem großen Getränkehändler zusammen, der nach einer starken Aufbauphase genau das lange Zeit gemacht hat: unsere Fairness ausgenutzt. Wir bieten einen Antimengenrabatt an, was bedeutet, dass nicht diejenigen, die besonders viel bei uns kaufen, einen Rabatt bekommen, sondern die, die wenig kaufen oder besser gesagt kaufen können. Für sie subventionieren wir die Transportkosten und unterstützen so kleine Händlerinnen, die sonst keine Ware abnehmen könnten, weil die Lieferkosten pro Flasche unverhältnismäßig hoch wären. Frank beansprucht diesen Antimengenrabatt, kombinierte dann aber – schlau wie er ist – die Lieferung so mit anderen Lieferungen, dass der Lkw schlussendlich doch voll war. Obwohl er unsere Subvention also überhaupt nicht brauchte, beanspruchte er sie uns gegenüber dennoch. Als wir dahinterkamen, drängten einige aus dem Kollektiv darauf, die Zusammenarbeit mit ihm zu kündigen. »Wir lassen uns doch nicht ausnehmen und betrügen schon mal gar nicht!« Ich hielt dagegen: »Wenn wir nur mit Menschen zusammenarbeiten, die schon so denken wie wir, können wir in der Welt nur wenig verändern. Wir müssen gerade an denen dranbleiben, die so sind wie Frank, um sie zu verändern.« Bei Frank habe ich das geschafft. Ich habe unsere Beziehung nicht gekündigt und ihm den Rabatt auch nicht gestrichen, ihm aber immer wieder erklärt, warum sein Verhalten falsch ist. Nach gut zehn Monaten kam die Einsicht und nach zehn Jahren Zusammenarbeit die Umsetzung bei einem ganz anderen Thema. Er gab zuerst nicht nur den Antimengenrabatt ab, sondern überließ einige Jahre später auch drei Viertel seines Umsatzes mit unseren Produkten einem konkurrierenden Getränkehändler, zu dem wir kürzere Wege haben und den wir ökologisch nachhaltiger beliefern können. Für jemanden, der vor ein paar Jahren noch bereit war, wegen ein paar Euro mehr Profit seine Geschäftspartnerinnen zu hintergehen, ist das kein kleiner Schritt.

Solche Veränderungen zu bewirken ist die zweite Schicht meines Unternehmens, das ich gerne als Zwiebel beschreibe. Der Kern ist das Kollektiv, in dem wir so arbeiten, wie es unseren Grundannahmen entspricht. Darum legt sich eine enge Schale von Menschen, mit denen wir zusammenarbeiten, und so im besten Fall deren Wirtschaften ebenfalls verändern. Dabei falle ich natürlich nicht mit der Tür ins Haus, sondern ködere unsere Geschäftspartnerinnen erst einmal mit einem wirtschaftlichen Vorteilspaket. Wenn wir die Zusammenarbeit mit einer Getränkegroßhändlerin beginnen, zeige ich ihr, dass wir ein wirtschaftlich sinnvoller Partner sind. Sie bekommt ein exklusives Liefergebiet, in dem ihr keine andere Händlerin Konkurrenz macht – mit unseren Produkten. Es gibt feste, abgestimmte Preise, die wir gemeinsam beschließen und die sich auch nicht spontan ändern. Es gibt eine Starthilfe durch den Antimengenrabatt. Sollte es seitens der Kundinnen der Händlerin zu Zahlungsausfällen kommen, gleichen wir das aus und holen uns das Geld von der dritten Partei zurück. So minimieren wir ihr Risiko. Sollte Ware unverschuldet ablaufen, nehmen wir sie zurück. Bei größeren Abbuchungen fragen wir vorher, ob wir abbuchen dürfen. Zu diesen sehr angenehmen Konditionen lassen wir die Geschäfte anlaufen. Wir bauen eine Beziehung auf und tun fast alles dafür, dass die Händlerin glücklich ist. Dann kommen wir nach und nach ins Gespräch. Warum machen wir das so? Welche Grundannahmen stehen dahinter? Und wie wäre es, wenn die Händlerin einen Teil davon auf ihr Geschäft übertragen würde? Dass es ökonomisch funktioniert, zeigt unser Beispiel. Und dass es besser ist, zusammen zu arbeiten als gegeneinander, auch. So verändern wir sukzessive das Verhalten unserer Geschäftspartnerinnen und um diese Veränderung geht es mir eigentlich. Sie ist das eigentliche Produkt. Die Getränke sind nur das Vehikel, über die ich sie vertreibe.

Deshalb machen wir auch keinen Unterschied zwischen unserer unternehmerischen Arbeit und unserer Beratung von anderen Unternehmen oder Institutionen. Im Gegenteil, oft können wir die gewünschte Veränderung in der Beratung sehr viel schneller erreichen als im Getränkehandel, weil hier der Umweg über die Waren entfällt. Im Grunde verstehen wir uns nicht als Getränkehersteller, sondern als eine Gruppe von Menschen, die eine bestimmte Form, miteinander zu arbeiten und zu wirtschaften, nutzt und verbreitet wie ein Betriebssystem. Uns allen geht es vor allem darum, dieses Betriebssystem ständig zu verbessern und zu teilen. Die Waren sind in diesem Sinne ein Mittel zum Zweck. Wir könnten genauso gut Brot oder Schuhe oder Seife vertreiben, und seit Corona planen wir tatsächlich, auch andere Produkte in unser Portfolio aufzunehmen, um von der Gastronomie unabhängiger zu werden. Solange die Produkte bestimmten moralischen Standards entsprechen und nachhaltig sind, sind wir flexibel. Es geht um die Reichweite und Veränderung. Hier sind die Veranstaltungen und Workshops an Universitäten, in Behörden und Firmen, bei denen wir über unsere Erfahrungen sprechen und dafür werben, es uns nachzutun, sehr effizient, weil wir damit immer wieder viele Menschen erreichen. Ich bezeichne sie als den dritten Ring meiner Zwiebel. Auch dieses Buch gehört dazu: *Wirtschaft hacken*. Ich glaube, unser Wirken lässt sich durchaus in Analogie zum Hacken von Computern verstehen. Wir übernehmen einen kleinen Teil des Systems und breiten uns dann immer weiter aus – wie ein Virus in der Software.

Damit uns das gelingt, ist jedoch absolute Offenheit und Transparenz nötig. Im Kollektiv und in der Zusammenarbeit mit unseren Partnerinnen. Wir haben deshalb nicht nur einen Einheitslohn, sondern legen auch unsere Kalkulationen offen. Unsere Preise sind transparent und die jeweiligen Anteile werden konsensdemokratisch beschlossen. Eine Flasche Cola kostet in der Gastronomie zwischen 78 Cent und 3,30 Euro. Je nachdem, ob sie in einem Non-Profit-Café in Magdeburg oder in einer Bar im Frankfurter Bankenviertel verkauft wird. Zu welchem Preis die Wirtin die Cola verkauft, ist erst einmal ihre Sache. Wir sind uns aber alle einig darüber, dass sie den größten Anteil pro Flasche haben muss, weil sie die anteilsmäßig größten Kosten und den größten Aufwand pro Flasche hat. Immerhin muss sie nicht nur die Flasche bezahlen, sondern auch die Lokalmiete, das Personal, die Lüftung, Heizung, den Strom, die GEMA, Umsatzsteuer und noch vieles mehr, damit eine Kundin die Cola bei ihr kaufen und trinken kann. Ihr Aufwand für den Verkauf einer Flasche ist damit viel höher als zum Beispiel jener der Getränkehändlerin, die ihr die Cola kistenweise liefert. In der Zeit, in der die Wirtin eine Flasche über den Tresen reicht, stellt ihr die Händlerin vier Kisten ins Lager. Deshalb bezahlt die Wirtin ihr nur 65 Cent netto pro Flasche. Die Getränkehändlerin kauft die Cola von einer Großhändlerin palettenweise für 54 Cent und diese nimmt uns die Cola in Lkw-Ladungen für 40 Cent die Flasche ab. Von diesen 40 Cent die Flasche bestreiten wir unsere Produktions- und Logistikkosten und behalten einen Anteil übrig. Der beträgt 18,5 Cent pro Flasche. Damit bezahlen wir – wie alle anderen auch – Mitarbeitende, Lager, CO_2-Ausgleich, Musterflaschen, Etiketten, Grundkosten des Unternehmens wie Server, Domains, Steuerberatung und Steuern natürlich auch. Wir haben übrigens 2013 eine Steuerprüfung gehabt und diese ohne eine einzige Beanstandung überstanden. Es gibt außerdem einen Cent pro Flasche für Investitionen und Krisenrücklagen, aber es gibt keinen Gewinnanteil, den Inhabende für sich entnehmen dürften. Gewinn ist daher kein Ziel des Unternehmens. Ab und zu kommen Gastronominnen und fordern einen günstigeren Einkaufspreis, oder Händlerinnen oder Zulieferer wollen einfach so mehr Geld. Wir legen ihnen dann immer unsere Kalkulation vor und fragen, wem das Geld, das sie mehr bekommen wollen, denn weggenommen werden soll? Damit haben sich die entsprechenden Diskussionen meist erledigt.

— URBAN WINKLER, *Bierbrauer.*

»Ich bin Brauer. Mein Sohn führt jetzt das Unternehmen in der siebten Generation, ich arbeite noch mit. Wir arbeiten mit dem Premium-Kollektiv schon seit über fünfzehn Jahren zusammen und brauen das Bier für sie. Das Open-Source-Betriebssystem des Kollektivs hat uns überzeugt, mitzumachen. Leider lässt es sich meiner Erfahrung nach nur sehr begrenzt auf meine Branche übertragen. Wenn ich mit einem Händler, der unser Bier einkauft, so umgehen würde, wie Uwe es vormacht, und zum Beispiel meine Kalkulation offenlegen würde, erginge es mir schlecht. Das Wohlwollen, mir auch nur einen kleinen Gewinn zu lassen, wäre in den meisten Fällen nicht da. Könnten sie sehen, was wie

viel kostet, würden die meisten Einkäufer versuchen, mich auf den Deckungsbeitrag zu drücken, mir also nicht mehr für mein Bier bezahlen, als die Produktion gekostet hat, wenn überhaupt so viel. Manche würden auch noch versuchen, das zu drücken. »Was? Du willst etwas verdienen? Sei froh, dass du dein Zeug überhaupt losschlägst.« Wo das Wohlwollen mir gegenüber fehlt, fehlt mir auch das Vertrauen zum anderen. Also ist eine gleichwürdige Zusammenarbeit wie mit dem Premium-Kollektiv eher die Ausnahme. Es gibt einen gastronomischen Betrieb in Nürnberg, mit dem wir zusammenarbeiten, der das Premium-Betriebssystem übernommen hat. Mit dem geht das natürlich. Und bei manchen Händlern, die aus der Region kommen und die ich schon lange kenne, geht das auch. Da gibt es ein über Generationen gewachsenes Wohlwollen und Vertrauen. Die Regel ist das aber nicht, und wenn sich in den bekannten Firmen die Führung ändert, weht da auch gleich ein ganz anderer Wind. Wertfreie Gewinnmaximierung.

Allerdings liegt das nicht nur an den Händlern, sondern auch an den Kunden. Der Getränkehandel ist ein Kundenmarkt, es gibt viel mehr Angebot als Nachfrage. Wenn mit dem Bier keine besondere Leidenschaft verbunden ist, wie in der Craft-Beer-Szene, ist es vielen Kunden egal, ob sie einen roten oder grünen Kasten mit nach Hause nehmen. Hauptsache der Preis stimmt. In diesem Konkurrenzkampf werden viele Produzenten und Händler verschlissen.

Ich würde mir wünschen, die Transparenz der Preise überall zu haben, nicht nur im Premium-Kollektiv, sondern auch dort, wo ich nur Konsument bin, denn ich glaube, dass sich unsere Wirtschaft damit insgesamt verändern würde. Ich könnte dann nicht nur besser abschätzen, ob ich die Preise angemessen finde oder nicht, sondern auch, wie Kosten und Lasten zwischen den Beteiligten verteilt sind. Das ist wichtig, wenn ethische Kriterien in meine Kaufentscheidung mit einfließen sollen, und das ist nicht nur ein Ziel im Premium-Kollektiv, sondern eine Voraussetzung von nachhaltigem Konsum überhaupt.

Natürlich ist diese Transparenz nicht immer konfliktfrei, auch dann nicht, wenn sie hergestellt ist, wie beispielsweise in den Abrechnungen unserer Steuerberaterin. Sie berechnet uns ein Mehrfaches unseres Einheitslohnes. Das habe ich wiederholt zum Anlass genommen, um mit ihr über ihre Honorare zu sprechen, allerdings ohne Erfolg. Im Gegenteil. In der für sie ohnehin schon sehr anstrengenden Corona-Zeit war sie die wiederkehrenden Diskussionen mit mir über die Gleichwürdigkeit der Menschen, das gleiche Recht einer jeden, ihre Bedürfnisse zu befriedigen und die damit verbundene Gleichheit der Bezahlung so leid, dass sie uns kündigte. Sie fühlte sich im Vergleich mit anderen Steuerberatungen ungerecht behandelt, denn sie liefert sehr gute Arbeit und weiß das auch. Ihr Stundensatz entspricht dem Marktpreis und sie sieht nicht ein, sich dafür verteidigen zu müssen, dass sie diesen ansetzt. Andere Steuerberaterinnen verlangten genauso viel, wir würden eine vergleichbar gute Arbeit also nirgendwo günstiger bekommen (von den Transferkosten und dem Stress, inmitten der Coronapandemie einen Wechsel der Beratung herbeizuführen, einmal ganz zu schweigen) und es gäbe genug Kundinnen, die zahlten, was sie verlange.

Um sie nicht zu verlieren, schlug ich ihr vor, nie wieder über ihre Honorare zu sprechen. Besser, wir behalten sie als Beraterin und zahlen, was sie verlangt, als dass wir zu einer anderen Steuerberaterin wechseln müssen, die vermutlich auch nicht für unseren Einheitslohn arbeiten wird, vor allem dann nicht, wenn sie, wie unsere, sehr gut ist.

Die Kalkulationen transparent zu machen, erleichtert die Verhandlungen also nicht immer. Es legt auch eine ganze Reihe von Differenzen offen, an denen sich Konflikte entzünden können, zum Beispiel dort, wo Menschen ihre Position im Vergleich mit anderen bewerten, um mehr für sich herauszuholen. Dabei ändert der Vergleich mit anderen faktisch nichts an der eigenen Situation; entscheidend ist für mich doch nur, ob ich ausreichend habe – unabhängig davon, ob meine linke Nachbarin mehr oder mein rechter Nachbar weniger hat als ich. Der Vergleich mag in der Logik des Marktes normal sein, wie unsere Steuerberaterin vorführt, widerspricht aber unserer Grundannahme der Gleichwürdigkeit aller Beteiligten: Alle Menschen sollten für sich ausreichend bekommen und haben. Gerade deshalb ist diese Transparenz so wichtig. Denn nur dann, wenn klar ist, wer wie viel für was bekommt, können wir darüber sprechen, ob das in Ordnung ist – oder nicht. Hier ein faires Verhältnis zu schaffen, darauf zielen wir im Premium-Kollektiv ab. Die Forderung nach einer Transparenz der Kalkulationen funktioniert dabei wie ein Trojaner in der Software. Wir schleusen ihn ins System ein und versuchen es, so von innen heraus zu verändern. Ich weiß, dass wir die Logik des Marktes nicht einfach umstürzen können, aber eine sukzessive Veränderung lässt sich bei der einen oder anderen vielleicht doch erreichen. Und irgendwann überzeuge ich auch noch unsere Steuerberaterin.

— KATJA KOCK, *Buchhalterin.*

Ich bin jetzt seit elf Jahren dabei. Es gefällt mir, für Premium Cola zu arbeiten, weil ich arbeiten kann, wann ich will und wo ich will. Andererseits stört mich die Einsamkeit bei der Arbeit, die es nicht nur jetzt, während Corona gibt, sondern die überhaupt bei

Premium dadurch gegeben ist, dass jeder für sich in einer Stadt arbeitet und wir nur alle vierzehn Tage per Video- oder Telefonkonferenz zusammenkommen. Allerdings arbeite ich immerhin mit einer anderen Kollektivistin zusammen, Dörte, die mich bei der Bearbeitung von Rechnungen unterstützt. So ist die ja schon grundsätzlich einsame buchhalterische Arbeit nicht ganz so einsam. Ich habe BWL studiert und war zunächst mit einer PR-Agentur selbstständig, bevor ich zu Premium gekommen bin. Dort habe ich angefangen, die Buchhaltung zu machen und mich immer weitergebildet. Inzwischen habe ich auch andere Kunden, für die ich freiberuflich als Buchhalterin arbeite, aber Premium ist immer noch mein Hauptkunde.

Obwohl ich die Buchhaltung verantworte, habe ich keine Verfügung über Geld. Alle Rechnungen werden von Uwe bezahlt. Nur er hat Zugriff auf unser Hauptkonto. Für Notfälle gibt es ein Zweitkonto, auf das ich zugreifen könnte, wenn ich wollte oder müsste – etwa, weil Uwe krank ist –, aber dazu ist es noch nie gekommen.

Manchmal hadere ich damit, dass alle denselben Lohn bekommen. Immerhin habe ich lange studiert, bin dadurch viel später ins Berufsleben eingestiegen und meine, es wäre fair, wenn sich das dann durch einen höheren Lohn ausgleichen würde. Andererseits kann ich die Idee hinter dem gleichen Lohn gut nachvollziehen und sehe auch das Gute in diesem Ansatz. Es ist ein zweischneidiges Schwert. Bei den anderen Kunden, für die ich die Buchhaltung mache, verlange ich natürlich mehr Geld für meine Arbeit. Wenn ich dann was für Premium mache, fange ich sehr früh morgens an und arbeite mein Pensum ab, damit ich den Rest des Tages für andere Sachen frei bin. Sonst rechnet sich das nicht. Bei den Diskussionen im Kollektiv halte ich mich oft zurück. Entweder, weil es in meinem Bereich nicht viel zu diskutieren gibt oder weil mich bestimmte Diskussionen nicht interessieren. Ich muss mich bei meiner Arbeit an Gesetze halten und da gibt es keinen Spielraum, die Dinge auch mal anders zu machen. Offenere Fragen, etwa, ab wann ich eine Rechnung anmahne, handhabe ich so, wie ich es für richtig halte. Premium möchte ja die Welt verändern, aber wir sind nun mal ein Unternehmen, das in der Marktwirtschaft bestehen muss. Deshalb müssen wir uns auch an die Spielregeln halten.

Bei Diskussionen jenseits meines Bereichs halte ich mich eher zurück. Wenn die anderen meinen, drei Stunden über die Rückseite eines Etiketts verhandeln zu müssen, das man nur durch die leere Flasche hindurch sieht, mache ich da nicht mit. Kann schon sein, dass das alles ausdiskutiert werden muss, aber ich muss mich daran nicht beteiligen.

— MICHAEL HARMS, *Spediteur.*

Ich habe Uwe über einen gemeinsamen Kunden kennengelernt. Uwe hatte schon ein paar Jahre einen Verteilstützpunkt in Hamburg und für den bin ich dann gefahren. Persönlich kennengelernt haben wir uns erst, nachdem ich schon zwei Jahre für ihn gefahren war. Wir wohnten zwar nah beieinander, aber das hat sich nicht ergeben. Der Uwe hat viel von mir gelernt. Von dem, was man bei uns Fuhrleuten normale Arbeit nennt, hatte er anfangs keine Ahnung. Wenn ich ihm gesagt habe, das oder das sieht man doch schon daran, was bei dem Händler auf dem Hof rumsteht, hat der nur gestaunt. Für mich war das alltäglich, aber Uwe fand das interessant, weil ich darauf einen anderen Blickwinkel hatte als er.

So war das auch bei der Entstehung des Antimengenrabatts. Die Fuhre kostet immer das Gleiche – egal, ob eine Palette auf dem Lkw steht oder zehn. Warum soll denn der, der höhere Um-

sätze macht, auch noch beim Transport einen Vorteil haben? Natürlich, alle versuchen, es im Einkauf möglichst billig zu kriegen, aber Uwe und ich haben immer gesagt, »Wir sind doch nicht auf dem Basar. Wir wollen alle davon leben.« Eine Fahrradkette hat auch nicht unterschiedlich weite Abstände zwischen den Gliedern. Der ist immer gleich, denn die Kette funktioniert nur, wenn die Abstände gleich sind. So ist das auch bei Lieferketten. Ich fahr zwar Lkw, aber ich bin nicht doof, kein Dieselknecht. Ich kann auch was anderes, das hat Uwe erkannt. So kamen wir ins Gespräch und ich habe mein Wissen mit ihm geteilt.

Dabei habe ich etwas von Uwe gelernt, zum Beispiel dass man sich auch mit mir absprechen kann. Dass mich ein Kunde fragt: »Wann passt dir die Fuhre? Und wann kannst du ungefähr da sein?« Das ist mir vor Uwe noch nie passiert. Aber klar, der Kunde kennt ja nicht meine Strecke und wenn die Umstände eben so sind, dass ich nicht eher da sein kann, kann ich auch nichts dafür. Da macht es doch keinen Sinn, mir eine Vertragsstrafe aufzubrummen. Manchmal geht es nicht anders und dann bin ich eben erst am Montagmittag da und nicht schon am Samstagmorgen. Uwe hat das verstanden und respektiert. Das kannte ich vorher nicht. Dass das nicht nur möglich ist, sondern dass ich diesen Respekt vor meiner Arbeit auch erwarten kann, das habe ich von Uwe gelernt und das erwarte ich jetzt auch von meinen anderen Kunden. Fliegen können wir alle nicht; wir sind alle an die Schwerkraft gebunden und gehen auf der Erde. Das habe ich zu meinem Credo gemacht.

Insgesamt kann man sagen, dass Uwe und ich viel voneinander gelernt haben. Wir sind ein bisschen wie ein altes Ehepaar und arbeiten jetzt schon achtzehn Jahre zusammen. Ich hoffe, das bleibt so.

2

Führungsaufgaben in einem Kollektiv

Schwierige Probleme zu lösen, wie eine Einigung mit der Steuerberaterin zu finden, ist eine der Aufgaben, die oft an mir hängenbleiben. Ich reiße mich nicht darum, aber es gibt immer wieder Entscheidungen, die andere nicht treffen wollen oder können, schwierige Probleme oder Ausnahmesituationen wie eine Pandemie, in der wir den richtigen Kurs brauchen, oder Aufgaben, die einfach gemacht werden müssen, die ich dann übernehme. Ich bremse oft auch Entscheidungen, die aus meiner Sicht vorschnell oder ohne die dafür nötigen Informationen getroffen werden.

Was wer übernimmt, hat vor allem mit den Kenntnissen zu tun, die wir erworben haben, oder individuellen Stärken, die wir besitzen, zuweilen aber auch mit einem Gefühl von Verantwortung, das eben nicht bei allen Kollektivistinnen gleich stark vorhanden ist. Allerdings ist dieses Verantwortungsgefühl durch Corona stark gewachsen.

Die individuellen Kenntnisse oder Fertigkeiten ergeben sich bei uns vor allem aus der Arbeit. Wir haben Kollektivistinnen, die genau das machen, was sie gelernt oder studiert haben, wie Sewil, die in der Kundinnenbetreuung arbeitet. Die meisten machen das, was sie tun, weil es das ist, was sie gerne tun möchten, und indem sie es tun, lernen sie irgendwann, wie es geht und werden immer besser darin. Dörte zum Beispiel, die bei uns in der Buchhaltung mitarbeitet, ist eigentlich gelernte Grafikerin, wollte bei uns aber auch Buchhaltung machen. Also haben wir beschlossen, dass sie das einmal ausprobieren darf und inzwischen ist sie eine wichtige Hilfe für unsere Hauptbuchhalterin Katja. Hier spielen zwei Faktoren zusammen: Als Kollektiv versuchen wir, jeder die Arbeit anzubieten, die sie gerne machen möchte, denn dann ist sie zufrieden und leistet gute Arbeit. Beides wollen wir erreichen. Das setzt allerdings voraus, dass die Kollektivistin auch die Kenntnisse besitzt oder erwirbt, die sie für diese Arbeit braucht.

Sie muss sich also unter Umständen weiterbilden und dazu bieten wir jeder die Möglichkeit. Das gilt umso mehr, insofern das, was jemand machen möchte, sich auch verändern kann und es dann einer neuerlichen Umorientierung und Weiterbildung bedarf. Eigentlich lernen wir alle auf der Arbeit ständig etwas Neues und erschließen uns neue Arbeitsbereiche, indem wir voneinander und von anderen lernen.

Bei mir war das von Anfang an so. Als ich das Premium-Kollektiv gründete, hatte ich keine Ahnung, wie das geht: Produktion, Getränkehandel, Logistik, Abrechnung, ich wusste nichts. Deshalb fragte ich andere, die sich mit einzelnen Fragen auskannten. Und ich fing einfach an. *Learning by doing.* So habe auch ich mir, ganz ähnlich wie Dörte, bestimmte Kenntnisse oder Fähigkeiten angeeignet, die jetzt in der Arbeit immer wieder gefragt sind, um bestimmte Aufgaben zu erledigen, zum Beispiel in der Organisation von Teilaufgaben, die Entwicklung des Unternehmens betreffend oder die Moderation der gruppendynamischen Prozesse. Und je mehr die anderen mich das machen lassen, desto mehr Erfahrungen sammle ich darin und desto größer wird mein Erfahrungsvorsprung. Dadurch kann ich manche Fragen aber auch besser bearbeiten als andere und sehe öfter Zusammenhänge und Folgen von Handlungen, die andere nicht immer sehen.

Beispielsweise fusionierte unser Abfüller mit einem anderen Betrieb, was die Zusammenarbeit sehr schwierig gestaltete. Der neue Geschäftspartner verhielt sich fast wie ein Diktator, er sprach sich nicht ab, entschied eigenmächtig Angelegenheiten, die für alle Beteiligten zentral waren, und machte uns dadurch sehr viele Probleme. Abgesehen von den konkreten Unannehmlichkeiten, die das erzeugte, passt uns ein solches Verhalten auch grundsätzlich nicht. Eine Mehrheit im Kollektiv wollte deshalb den Abfüller sofort wechseln. Das wäre allerdings unklug gewesen, denn mit so einem Wechsel sind viele Veränderungen verbunden, die wir vorbereiten müssen und die wir uns während der Coronakrise gar nicht leisten konnten. So einen Wechsel sollten wir deswegen besser langfristig planen. Das erklärte ich meinen Mitkollektivistinnen und bat sie, ihre Entscheidung zu überdenken. Das taten sie auch, weil sie einsahen, dass sie ihr erstes Votum ohne eine Beurteilung der Konsequenzen gefällt hatten. Manche überblicken nur ihren Bereich und nicht die größeren Zusammenhänge unseres Unternehmens. Da mit diesem Wissen auch Kompetenzen verbunden sind, werde ich oft aufgefordert, Wissen zu teilen und Aufgaben abzugeben. Ich tue das gern, allerdings kann ein Sachverstand, der durch Übung und Vertrautheit mit der Sache erworben wurde, nicht einfach weitergeben werden wie eine Taschenlampe. Jede muss ihn sich selbst erwerben und das geht eben nur durch die Beschäftigung mit der Sache, hier etwa den organisatorischen Zusammenhängen unserer Produktion und Logistik. Dass ich in diesen und anderen, üblicherweise in der Geschäftsführung angesiedelten Aufgaben einen gewissen Kompetenzvorsprung habe, heißt jedoch nicht, dass ich sie auch als meine Führungsaufgaben oder gar Bestimmungsmacht ansehen würde, denn für uns sind alle Arbeiten gleichwertig. Außerdem habe ich die Erfahrung gemacht, dass die wirklich guten Lösungen nur in der Zusammenarbeit von Menschen mit Fachwissen und Menschen mit einem frischen Blick von außen gefunden werden, also im Team – so wie unser Antimengenrabatt, den ich mir in Zusammenarbeit mit unserem Spediteur ausgedacht habe. Er als Fachmann erklärte mir, warum es einen Mengenrabatt gibt und – aus ökologischen Gründen – auch geben muss (denn so werden Frachtkontingente zusammengelegt). Und ich als Laie suchte nach einer Veränderung, die die positiven ökologischen Effekte bewahrt, die in meinen Augen aber unnötige Bevorzugung der großen Abnehmerinnen verhindert und stattdessen kleine unterstützt. Solche Synergieeffekte versuchen wir auf allen Ebenen herzustellen.

Führungsaufgaben sind jedoch etwas ganz anderes, Grundsätzlicheres. Sie bestehen für mich darin, dem Unternehmen eine grundsätzliche Orientierung zu geben, den Kollektivistinnen einen großen Sicherheitsraum zu bieten und zu handeln, wenn gehandelt werden muss.

Unser Konzept der Gleichwürdigkeit aller Menschen und andere Grundannahmen, nach denen wir handeln, geben unserem Unternehmen die allgemeine Orientierung. Dabei sehe ich meine Aufgabe darin, darauf zu achten, dass diese Grundannahmen konsequent ausgelegt werden. Vor ihrem Hintergrund hat jedoch jede die Möglichkeit, zu sagen und zu tun, was sie will. Das gilt nicht nur in den Diskussionen, die wir führen, um Dinge zu entscheiden – weil wir ein Kollektiv sind, müssen wir alles ausdiskutieren, von dem Produktionsstandort bis hin zum Design der Etiketten –, sondern auch in der Art und Weise, wie jemand arbeitet. Dabei müssen die Kollektivistinnen sich sicher fühlen, denn nur dann sagen sie frei, offen und ehrlich ihre Meinung und übernehmen Jobs, die sie vielleicht noch nicht können und bei denen sie Fehler machen werden.

Es ist sehr schwer, bei uns einen Job zu verlieren. Wer schlampig, schlecht oder langsam arbeitet, wer Fehler macht, wer mir gegenüber laut wird, wer anderen mit seinen Diskussionen auf den Geist geht oder einfach nicht mehr gebraucht wird, kann nicht für eine Kündigung vorgeschlagen werden, sondern höchstens eine andere Aufgabe bekommen. Nur wenn jemand uns vorsätzlich schadet oder das versucht, kann überhaupt über einen Rauswurf diskutiert werden. Wir müssen ihn dann aber im Kollektiv beschließen, und zwar im Konsens, also ohne dass auch nur eine der aktuell 173 Kollektivistinnen im Forum ihr Veto einlegt. Wer für einen Ausschluss aus dem Kollektiv nominiert wird, darf sich zwar im Forum verteidigen, ihr Veto zählt aber nicht, sonst wären Rauswürfe gegen den Willen der betroffenen Person praktisch unmöglich. Das sind sie nicht. Sie sind aber sehr schwer, denn nur dann, wenn alle bis auf diese Person kein Veto einlegen, kann ein Rauswurf beschlossen werden. Anna-Lilja hat deshalb einmal gesagt, die Arbeit im Premium-Kollektiv sei der sicherste Job der Welt. Dass wir einander diese Sicherheit geben können, macht mich sehr stolz.

Allerdings gibt es auch Situationen, in denen die Entscheidung nicht kollektiv ausdiskutiert werden kann, wie in der Vergangenheit beispielsweise geschehen anlässlich einer Fehlproduktion. Der Koffeingehalt war doppelt so hoch und wir mussten unsere Waren »unverzüglich zurückrufen«, denn so schreibt es der Gesetzgeber vor. Deswegen habe ich kein Plenum einberufen, sondern das sofort veranlasst. In zwei anderen Fällen haben wir im Forum schlicht keine Übereinstimmung finden können, zum Beispiel bei den Fragen, welches Bild auf dem Etikett zu sehen sein soll und welche Textzeile es bekommt. Auch da habe ich erst einmal allein entschieden, damit wir nicht den ganzen Betrieb wegen so einer Lappalie anhalten müssen. In solchen seltenen Fällen – ich erinnere mich an drei Fälle in über neunzehn Jahren – sind die kollektiven Prozesse einfach zu träge oder nicht zielführend. Dann nehme ich die Dinge in die Hand. Zu handeln, wenn gehandelt werden muss, ist eine meiner Führungsaufgaben.

Ich versuche aber, solche einsamen Entscheidungen zu vermeiden. Deshalb haben wir die »Kannst du damit leben?«-Regel aufgestellt. Sie dient dazu, Diskussionen abzukürzen. Denn so wichtig es auch sein mag, dass wir als Kollektiv alles ausdiskutieren und dass jede ihre Meinung sagt, so wichtig ist es doch auch, dass wir uns in diesen Diskussionen nicht verzetteln. Deshalb besagt die »Kannst du damit leben«-Regel: Stimme nur gegen etwas, wenn du absolut nicht damit leben kannst. Siehst du in dem Bild, das wir auf das Etikett drucken wollen, eine Diskriminierung, dann sag uns das und wir nehmen ein anderes. Wenn du das Bild aber nur nicht schön findest, dann halte den Prozess der Entscheidungsfindung bitte nicht auf.

Gerade das ist meiner Erfahrung nach jedoch ein großes Problem in Kollektiven: In Konfliktsituationen lähmen sich die Kollektivistinnen oft gegenseitig, sie streiten sich um Kleinigkeiten und kommen nicht voran. Notwendige Entscheidungen werden so nicht getroffen. Schließlich kann das Unternehmen sogar daran zugrunde gehen. Diese Gefahr würde ich auch für das Premium-Kollektiv sehen, wenn wir auch in formaler Hinsicht ein Kollektiv wären. Deshalb sträube ich mich dagegen, das Unternehmen auch juristisch in die Hände aller Beteiligten zu geben, beziehungsweise wenn ich das tue, dann mit einem Notausgang, der zur Verfügung steht, wenn die neue Form sich selbst lähmt; wenn sie handeln müsste, dies aber nicht tut oder wenn sie in die Insolvenz rutscht. Mit so einem Notausgang wäre ich bereit zu der Übergabe. Die Marke gehört ansonsten weiterhin mir und ich bin im Moment auch der Einzige, der über das Hauptkonto verfügen kann. Jede kann einsehen, wie viel Geld darauf liegt und welche Bewegungen es gab, Abbuchungen und Überweisungen sind mir jedoch vorbehalten. Für den Fall meines Ausfalls durch Krankheit oder Ähnliches gibt es ein weiteres Konto, über das auch andere verfügen dürfen und auf dem ich immer ein fünfstelliges Guthaben stehen lasse. Bei einem längeren Ausfall meinerseits könnten alle Rechnungen und Zahlungen auch auf dieses Konto umgeleitet werden. Eine allgemeine Verfügungsgewalt über unser Hauptkonto auszustellen, ist mir jedoch zu heikel. Denn dort liegen in der Regel fünfstellige, manchmal sogar sechsstellige Summen. Die Gefahr, dass jemand mit so viel Geld durchbrennt, ist zwar relativ gering, aber der mögliche Schaden wäre existenzbedrohend für das Unternehmen, und das kann ich nicht ignorieren.

Dafür bin ich ein viel zu vorsichtiger Mensch. Also behalte ich die Kontrolle über das Konto – und vorerst auch über die Marke. Denn so kann niemand Premium-Getränke produzieren, ohne dass ich dem zustimme. Kritikerinnen sagen deshalb manchmal, das Premium-Kollektiv sei gar kein richtiges Kollektiv, sondern nur eines von meinen Gnaden. Das stimmt zwar theoretisch, ich könnte morgen entscheiden, nicht mehr demokratisch zu sein oder mir die Rücklagen auszuzahlen. Dann würden aber sicher sehr viele Kollektivistinnen aussteigen, und wir würden unseren guten Ruf verlieren und damit auch viele Kundinnen. Also sind das nur theoretische Optionen. Solange ich meine Rolle innehabe, kann ich dafür sorgen, dass das Unternehmen auf Kurs bleibt. Es wird sehr genau auf mich gehört, aber es wird mir nicht gehorcht, und genau so ist es richtig. Wenn ich meine zentrale Rolle missbrauchen würde, gäbe es uns nicht seit über neunzehn Jahren mit so vielen zufriedenen Betroffenen. Eigentum hat aus meiner Sicht mindestens drei Funktionen: die Bestimmungsmacht (haben wir anders gelöst, im Konsens), die Gewinnentnahme (ist bei uns nicht erlaubt) und die Verantwortung. Die bleibt am Ende über, und ist gar nicht so beliebt, wie man meinen könnte. In der letzten Diskussion über eine Rechtsform gab es tatsächlich niemanden, der oder die diese Verantwortung mit übernehmen wollte. Nur wenn ich der Verantwortung für alle Betroffenen gut nachkomme und meine Rolle nicht missbrauche, dann wird sie mir weiter zugestanden, und dann habe ich den sichersten Job der Welt. Das ist mein Versuch, das Beste aus zwei Welten zu verbinden, und zugleich eine Einladung, auf die ich am Ende dieses Buchs eingehe.

Ich arbeite immer in kollektiven und demokratischen Strukturen, wo es sinnvoll ist und wo es, meiner Erfahrung nach, Vorteile hat; gleichzeitig vermeide ich diese Strukturen, wo sie meiner Erfahrung nach von Nachteil sind. Das mag halbherzig erscheinen, es hat sich für uns jedoch bewährt. In einem Unternehmen, in dem möglichst viele Entscheidungen demokratisch getroffen werden, können auch möglichst viele gut mit diesen Entscheidungen leben. Das hat zuletzt die Coronakrise gezeigt, in der wir nicht nur alle Stellenbeschreibungen verändern und verlangen mussten, sich dem anzupassen, sondern auch das ganze Unternehmen im Hinblick auf den Verkauf und die Abläufe neu aufgestellt haben. Wenn ich das einfach so verfügt hätte, wäre ich sicher auf Widerstände gestoßen. Da ich hingegen alle von meinem Kurs überzeugt habe, ist er auch von allen mitgetragen worden. Es wäre viel schwieriger und wohl unverantwortlich gewesen, das Kollektiv einfach zu fragen, wie wir uns in der Krise verhalten sollen und das Schicksal des Unternehmens dem Streit der Meinungen zu überlassen. Es war wichtig, dass ich eine klare Vorstellung davon hatte, wie wir überleben können, aber ebenso wichtig, die anderen von dieser Vorstellung zu überzeugen und das alles in einem friedlichen Ablauf zu gestalten. Das ging nur, weil vorher jahrelang Vertrauen aufgebaut worden war.

Aufgrund meines besonderen Verantwortungsgefühls für Premium fallen mir auch noch andere Aufgaben zu als die Entscheidung von Angelegenheiten, die dringend entschieden werden müssen. Dazu gehört die Aufgabe, Arbeiten zu erledigen oder anzustoßen, die sonst liegen bleiben. Wenn beispielsweise Jobs nicht so laufen, wie sie laufen müssten, ist in der Regel niemand bereit, die zur Lösung nötigen Gespräche zu führen, weil die kompliziert und unangenehm sein können. Das gilt für mich genauso, aber ich muss diese Gespräche dann meist führen. Es besteht eine hohe Identifikation mit dem Unternehmen, die meisten Kollektivistinnen arbeiten verantwortungsbewusst mit, einige hatten es sich aber auch im Kollektiv bequem gemacht. Solange jede ihr Geld bekommt, sehen manche keine Veranlassung, sich über Gebühr anzustrengen. Dadurch bleibt eine ganze Reihe von Arbeiten unerledigt, die für unseren Fortbestand wichtig sind. So haben wir beispielsweise die Kontakte zu unseren Sprecherinnen und Kundinnen in vielen Gebieten einschlafen lassen. Ob die Kundinnen weiter mit Lieferungen versorgt werden und die Sprecherinnen den Kontakt zu unseren Kundinnen halten, ob wir in Gebieten, wo wir noch nicht vertreten sind, eine Person finden, die das tut, darum hat sich praktisch niemand gekümmert. Es wäre eigentlich eine gemeinsame Aufgabe, das anzufassen, und es ist mir und anderen schon lange klar, dass wir uns in dieser Hinsicht verbessern müssen, wenn wir auch nächstes Jahr noch Getränke verkaufen wollen. Bisher lief es jedoch noch, die berechneten Stunden konnten bezahlt werden und das reichte den meisten. Manche verstanden auch nicht, was »Umsatzrückgang in sechs von elf Gebieten« bedeutet, keine zog die Konsequenzen. Vielleicht ist dieser Mangel an Ehrgeiz tatsächlich ein Grundproblem kollektiven Wirtschaftens. Wenn es bei dem, was eine bekommt, nicht darum geht, was sie leistet, sondern darum, was sie braucht, und wenn sie von ihrer Mehrleistung immer nur anteilig profitieren kann, insofern sie die Lage für alle verbessert, ist die Einsatzbereitschaft nicht bei allen groß. Anlässlich einer kleinen Krise mit fünf Prozent Umsatzrückgang diskutierten wir einmal, ob wir uns mehr anstrengen oder weniger verdienen wollen? Die Mehrheit war dafür, lieber den Lohn zu senken, als uns das Ziel zu setzen, die fünf Prozent Rückgang durch neue Kundinnen aufzufangen. Ich gehe auf solche Nivellierungen gerne ein – solange es nicht das Unternehmen gefährdet. Wenn das jedoch der Fall ist, greife ich ein, auch wenn ich dafür manchmal mehr machen muss als meine Mitkollektivistinnen oder nicht die freie Wahl habe, welche Aufgaben ich übernehmen möchte. Auch das heißt für mich, zu handeln, wenn gehandelt werden muss: nötigenfalls einfach selbst mehr arbeiten.

Von der zuweilen fehlenden Bereitschaft mancher Kollektivistinnen, Verantwortung zu übernehmen, lasse ich mich in meiner

Wertschätzung für die Menschen und das Kollektiv jedoch nicht beirren. Auch in traditionellen Unternehmen müssen die Mitarbeiterinnen immer wieder daran erinnert werden, wovon der Betrieb lebt. Außerdem hat die Minderung des Ehrgeizes auch etwas Gutes. Sie macht ein Wirtschaften möglich, das weniger den Logiken der Steigerung und der Konkurrenz gehorcht und sich stärker daran orientiert, was notwendig ist und wie das in Kooperation mit anderen erreicht werden kann. Es kommt also unseren Grundannahmen viel näher.

Blicken wir in der Geschichte zurück, sehen wir, dass diese Art zu wirtschaften zunächst die verbreitetere war und den Menschen erst abgewöhnt werden musste, damit sie zu den Arbeiterinnen wurden, die der Kapitalismus brauchte. Die ersten Fabrikarbeiterinnen hörten zum Beispiel auf zu arbeiten, wenn sie genug verdient hatten, um sich etwas zu essen und ein bisschen Feuerholz zu kaufen. Sie waren nicht bereit, mehr zu arbeiten, als sie mussten, um sich mit dem für sie Notwendigen zu versorgen. Dafür reichten oft halbe Tage. Das war den Arbeitgeberinnen aber nicht genug. Die Schornsteine ihrer Fabriken sollten rund um die Uhr rauchen. Also zwangen sie die Arbeiterinnen dazu, mehr zu arbeiten, indem sie die Löhne soweit senkten, dass die Arbeiterinnen sich den ganzen Tag abrackern mussten, um nicht zu verhungern. Die moderne Arbeit ist das Produkt eines künstlich herbeigeführten Mangels, der inzwischen durch ein Gefühl des Mangels, wie es die moderne Konsumkultur erzeugt, ersetzt worden ist.

Unsere Wirtschaft hängt mit anderen Lebensbereichen zusammen. Sie ist kein isoliertes System, sondern Teil eines Gefüges verschiedener Systeme, die unterschiedliche Aufgaben erfüllen und miteinander kommunizieren. Die Aufgabe der Wirtschaft ist dabei, uns mit den Dingen zu versorgen, die wir zum Leben brauchen – oder haben wollen. Beides ist nicht ganz leicht zu unterscheiden, weil sich auch das vermeintlich Notwendige bei genauem Hinsehen noch als überflüssig erweisen kann. Im Premium-Kollektiv entscheiden wir deshalb danach, was wir uns für alle leisten können – und wollen. Wir zahlen jeder soviel wie möglich, aber eben allen das Gleiche (mit den genannten Zuschlägen nach Bedürfnissen). So können sich alle ihre Konsumwünsche oder -bedürfnisse gleichermaßen erfüllen. Wir können die Löhne gerne steigern, aber eben nur für alle und gemeinsam. Dieser Umweg über das Kollektiv erzeugt eine kleine Verzögerung, die jedoch gut ist, denn sie öffnet den Raum für eine Überlegung, die sonst leicht untergeht: Brauchen wir das wirklich? Oder, besser gesagt: Lohnt es den Aufwand? Die Antwort auf diese Frage kann von Fall zu Fall verschieden sein. Als wir unsere kleine Krise hatten und uns der Umsatz leicht einbrach, lautete sie seinerzeit: »Nein.« In anderen Fällen könnte sie das Kollektiv aber auch anders beantworten. Für die meisten Arbeitnehmerinnen außerhalb von Kollektiven stellt sich diese Frage überhaupt nicht. Sei es, weil sie in einer Logik der Steigerung oder der Konkurrenz gefangen sind oder weil sie schlicht und ergreifend jeden Aufwand auf sich nehmen müssen, um über die Runden zu kommen. Gerade Letzteres dürfte meines Erachtens jedoch nicht sein. Es sollte ein bedingungsloses Grundeinkommen geben, das es den Menschen ermöglicht, auch ohne Arbeit zu leben. Dann würde jede nur noch das machen, was ihr Spaß macht, und für die Arbeiten, die keinen Spaß machen, weil sie besonders anstrengend oder gefährlich sind, müssten wir die Menschen besonders gut bezahlen, damit sie sagen: »Das lohnt sich für mich.« Auf der anderen Seite brauchen wir auch ein Maximaleinkommen und einen Maximalbesitz, die nicht überschritten werden können. Über die Spreizung, also den Abstand zwischen Minimal- und Maximalverdienst sowie -besitz, können wir reden. Über die Einordnung auch, denn Berufe, die für die Gesellschaft wichtig oder sogar systemrelevant sind, werden bisher häufig schlecht bezahlt und die Menschen, die in ihnen arbeiten, schlecht behandelt. Dagegen sind Berufe, die für die Gesellschaft nicht wichtig oder sogar schädlich sind, häufig hoch bezahlt und die Menschen darin werden gut behandelt.

Gäbe es ein bedingungsloses Grundeinkommen, würde das für uns bedeuten, dass wir manche Kollektivistinnen mit höheren Löhnen locken müssten, so zum Beispiel unseren Spediteur Michael, der im Straßenverkehr jeden Tag seine Gesundheit riskiert. Wir könnten uns das aber leisten, weil wir andere nur gering bezahlen müssten, sofern ihre Bedürfnisse gedeckt sind, denn sie könnten genau das tun, was sie gern tun möchten.

So wäre es bei mir zum Beispiel. Eine Sache, die mir an meiner Arbeit besonders gut gefällt, ist die Lösung schwieriger Situationen, das Beenden von Konflikten oder die Suche nach Auswegen aus verzwickten Lagen. In einem anderen Kollektiv habe ich deshalb den Spitznamen »Dilemma-Uwe«.

3

Dilemma-Uwe

— **Fahad al Mosa**, *Mieter und inoffizieller Hausmeister*
Ich bin seit sechs Jahren in Deutschland und es war immer schwer, in Hamburg eine Wohnung zu bekommen, weil ich auch einen minderjährigen Neffen habe, um den ich mich kümmere. Die Wohnungssuche hat mich viel Nerven und Zeit gekostet, was sich erst geändert hat, als ich Uwe traf. Wir konnten meinen Bruder und seine Familie mit zwei Kindern aus Stuttgart holen und endlich eine Wohnung für sie finden, sodass wir als Familie wieder zusammenkommen konnten. Eine Wohnung bedeutet ein Zuhause und damit auch, sein Leben im Griff zu haben. Für mich hat es bedeutet, dass ich alle Sprachkurse absolvieren und ein Studium beginnen konnte.

Vor drei Jahren habe ich eine Immobilie gekauft, nicht, um darin zu wohnen (ein Haus zur Altersvorsorge zahle ich schon aus dem Premium-Einheitslohn ab), sondern als zusätzliche Vorsorge für die Rente. Außerdem wollte ich zeigen, dass das Prinzip der Gleichwürdigkeit auch in der Immobilienbranche funktioniert. Bestehende alternative Modelle wie Genossenschaften oder das Mietshäuser-Syndikat sind zwar besser als reine Gewinnorientierung, haben aus meiner Sicht aber mehr Nach- als Vorteile. Im Syndikatsmodell gehört alles allen ein bisschen, aber niemand ist voll verantwortlich. Deshalb sind die mir bekannten Häuser mit diesem Modell in schlechtem Zustand. In Syndikatshäusern werden die Mieterinnen auch nie Eigentümerinnen, sondern müssen ihre Mieten auch dann noch weiterbezahlen, wenn das Haus längst abgezahlt ist. Deshalb eignen sich Syndikatshäuser nicht für die Altersvorsorge. In Genossenschaften kann das anders geregelt werden, das starre Genossenschaftsgesetz hat aber sehr viele praktische Nachteile. So muss die Mitbestimmung von Nichtmitgliedern wirksam ausgeschlossen werden, was meiner Erfahrung widerspricht, dass die besten Lösungen erst dann gefunden werden, wenn nicht nur all jene mitentscheiden, denen etwas gehört, sondern auch diejenigen, die von der Entscheidung betroffen sind.

Ich wollte eine Immobilie haben, in der die Mieterinnen flexible Mitspracherechte besitzen (ähnlich der Konsensdemokratie im Premium-Kollektiv), eine faire Miete bezahlen, die unter dem meines Erachtens überhöhten Mietspiegel liegt und in den Genuss von ökologisch saniertem Wohnraum kommen. Außerdem möchte auch ich für meine Arbeit am Projekt entlohnt werden. Das sehe ich als weiteren Baustein meiner Altersvorsorge.

Dafür galt es zunächst, ein Objekt zu finden, das selbst günstig war. Das habe ich getan, mitten in Hamburg. Dass ich die Immobilie weit unter Marktpreis kaufen konnte (zumindest dann, wenn man die Wohnfläche ansetzt), hatte mutmaßlich zwei Gründe. Zum einen war die Ausgangslage recht kompliziert: drei kleine Häuser und insgesamt zehn Mietverhältnisse auf einem Grundstück, wilde Grundrisse, diverse Wegerechte und Streitigkeiten mit den Nachbarn, großer Sanierungsstau in den Gebäuden. Außer mir wollte das Objekt niemand kaufen, aber ich wusste, dass ich mit komplizierten Situationen umgehen kann. Zum anderen gefiel es dem Verkäufer, dass ich ein soziales Wohnbauprojekt gründen wollte, mit bezahlbaren Mieten und weitreichenden Mitspracherechten für die Mieterinnen. Eine schwer verkäufliche Immobilie loswerden und ein gutes Gewissen obendrauf bekommen, was kann schöner sein? Das hat ihn überzeugt, mir den Zuschlag bei knapp zweitausend Euro pro Quadratmeter zu geben.

Nach langer Suche fand ich schließlich auch eine Bank, die mir das Objekt voll finanzierte und nicht darauf bestand, dass ich allen bestehenden Mieterinnen kündigte, das Objekt sanierte und zum Höchstpreis neu vermietete, denn genau das wollte ich nicht tun. Ich wollte den Bestandsmieterinnen nicht kündigen und nicht die Mieten erhöhen müssen.

Das lag nicht nur daran, dass ich mit dem Objekt zeigen wollte, dass auch die Immobilienwirtschaft sozial sein kann, sondern auch daran, dass ich mit dem Objekt noch viel vorhatte – und dafür musste ich das Vertrauen der Mieterinnen gewinnen. Ich schrieb ihnen deshalb einen Brief und stellte mich und meine Pläne mit dem Grundstück vor. Ich meldete ihnen, dass sie keine Angst um ihren Wohnraum haben müssten und keine Mieterhöhungen zu befürchten hätten, dass ich aber dennoch den Sanierungsstau auflösen wollte. Und ich schrieb ihnen, dass ich die Entwicklung der Immobilie gerne in Absprache mit ihnen betreiben würde.

Anfangs glaubte mir niemand. »So einen Vermieter gibt es doch gar nicht.« Nach und nach sahen die Bewohnerinnen aber, dass ich es ernst meine. Für eine Wohnung eröffnete ich den Zugang zum Kellerraum wieder, der durch Bauschäden verschlossen war. Eine andere Wohnung sanierte ich komplett und erweiterte sie durch einen Ausbau des Dachs um ein Zimmer, natürlich in Absprache mit dem Mieter. Wann passt ihm das? Welche Materialien gefallen ihm? Wie sollen wir die Treppe bauen, damit er das neue Zimmer auch gut nutzen kann? Auf einmal merkten die Mieterinnen: »Der Uwe meint das ernst.«

Ich legte auch die Kosten offen, die ich hatte und fragte die Mieterinnen, ob sie bereit wären, sich daran zu beteiligen. Die Komplettsanierung der einen Wohnung hatte zweiundzwanzigtausend Euro gekostet und ich fragte Karl, den Mieter, ob er sich vorstellen könne, einen Teil der Kosten durch eine Mieterhöhung mitzutragen. Freiwillig versteht sich. Denn Karl ist Rentner und ich dachte, er bekommt ja nicht automatisch mehr Rente, nur weil seine Wohnung größer wird. Bekäme er tatsächlich nicht, meinte Karl, aber hundert Euro mehr im Monat wären für die schöne neue Wohnung und das Zimmer extra schon drin.

Bei den anderen lief das ähnlich. Die Mieterinnen sahen, dass sich ihre Wohnverhältnisse deutlich verbesserten und waren gerne bereit, sich durch freiwillige Mieterhöhungen an den Kosten zu beteiligen, wo es ging. Manche haben auch abgelehnt, und das habe ich ohne Weiteres hingenommen. So haben wir uns aneinander gewöhnt und Vertrauen zueinander gefasst. Dann erzählte ich ihnen, dass ich die Häuser gerne abreißen wollte, um an dieselbe Stelle ein größeres und besseres Haus zu setzen. Auch das natürlich mit ihnen zusammen. Auch wenn das noch einmal einen kleinen Schock auslöste, war das Vertrauen zu mir schließlich groß genug, dass sich alle darauf einließen. Wir haben gemeinsam ein Konzept beschlossen, das beschreibt, wie wir uns das neue Haus vorstellen.

In den nächsten Jahren soll ein Wohn- und Geschäftshaus mit sechs Stockwerken entstehen. Das Haus soll vor allem mehr bezahlbaren Wohnraum schaffen (wir visieren im Durchschnitt acht Euro pro Quadratmeter an, was 67 Prozent des vergleichbaren Mietspiegels entspricht, da das Finanzamt bei 66 Prozent von »Liebhaberei« ausgeht und Nachteile verfügt), es soll aber trotzdem nachhaltig und ökologisch gebaut und zu betreiben sein, also wenig Energie verbrauchen und sicher, stabil und wertbeständig gefertigt sein. Es soll Gemeinschaftseinrichtungen haben und offen für ganz verschiedene Bewohnerinnen sein und noch vieles mehr.

Die Diversität der Bewohnerinnen ist uns auch in wirtschaftlicher Hinsicht wichtig, weil wir so unterschiedlich hohe Mieten ansetzen können. Die Bewohnerinnen mit höherem Einkommen sollen mehr für den Quadratmeter bezahlen als die mit geringerem. Damit gewinnen wir einen Spielraum für soziale Mieten, denn auch acht Euro pro Quadratmeter können viel sein, egal wie günstig das im Verhältnis sein mag. Große Familien mit geringem Einkommen können vielleicht nur vier Euro pro Quadratmeter zahlen, weil sie zwar wenig verdienen, aber besonders viel Platz benötigen. Damit das funktioniert, müssten andere achtzehn Euro pro Quadratmeter zahlen. Die bekämen dann dafür auch ein Penthouse mit Dachterrasse. Und im Schnitt lägen wir weiterhin bei acht Euro. Die brauchen wir, damit meine Rechnung aufgeht.

Es mag auf den ersten Blick so aussehen, als ob ich mit diesem Vorgehen auf eine Menge Geld und Macht verzichte. Auch die ersten fünfzehn Banken, mit denen ich die Finanzierung des Objekts besprach, lachten mich für meine Vorstellungen aus. Ich sah das aber anders. Viele Vermieterinnen erzeugen mit ihrem rücksichtslosen und allein gewinnorientierten Vorgehen ein negatives Verhalten ihrer Mieterinnen, das ihnen dann viele Probleme macht und sie viel Geld kostet. Sie stehen in ständiger Konfrontation mit den Mieterinnen, müssen sie unter Umständen rausklagen, Inkassoverfahren einleiten oder sich über schlecht gepflegte Wohnungen ärgern. Ich bin mit meinen Mieterinnen in gutem Einvernehmen. Alle sind bereit, mitzuziehen, damit ich den Neubau machen kann, selbst Karl, der einen vierzig Jahre alten Mietvertrag hat und eigentlich unkündbar ist. Denn alle wissen, dass sie ein Jahr später in ein besseres Haus zurückziehen können. Sie vertrauen mir. Das ist ein Grundzug meiner Arbeit. Ich gehe davon aus, dass die Menschen vielleicht ein krummes Holz, im Grunde aber in Ordnung sind und behandle sie fair. Ich sage ihnen, was ich will, und frage sie, was sie wollen, und wir stimmen unser Verhalten aufeinander ab. Dabei gehe ich oft in Vorleistung, so baue ich Vertrauen auf. Über dieses Vertrauen, die Transparenz und gegenseitige Absprachen schaffen wir gemeinsam fast alles. Mein Bruder nennt das den Lübbermann-Move: Vertrauen schaffen, Probleme lösen, gemeinsame Erfolge feiern.

Ich müsste jedoch lügen, wenn ich behaupten sollte, mir fiele der nötige Vertrauensvorschuss immer leicht, denn er ist ja auch mit einem Risiko verbunden und, wie erwähnt, bin ich ein sehr vorsichtiger Mensch. Jennifer, eine Mieterin, hat durch die Corona-Maßnahmen ihren Job verloren und geriet mit drei Monatsmieten in Rückstand. Die habe ich ihr gestundet, ihr erklärt, dass ihr Wohnraum sicher ist, und ihr angeboten, die Mieten nachzahlen zu können, wenn sie wieder flüssig ist (die Bank ließ bei den Monatsraten leider nicht mit sich reden). Noch bevor sie ihre Schulden beglichen hatte, wollte sie aber auch noch umziehen und dafür von mir die Mietkaution zurück, die sie hinterlegt hatte. Das war für mich eine heikle Situation. Ich konnte verstehen, dass sie das Geld benötigte, um die Kaution für ihre neue Wohnung zu bezahlen; aber ich war auch unsicher, ob ich es jemals wiedersehen würde, wenn ich sie jetzt mit so großen Verbindlichkeiten mir gegenüber umziehen lassen würde. Wer weiß, ob sich ihre Lage in Zukunft soweit bessert, dass sie ihre Schulden überhaupt zurückzahlen kann? Es wäre nicht das erste Mal, dass sich ein Mensch unfair verhielte, nicht weil er eine böse Absicht hegte, sondern weil er unter großem Druck steht und sich dann den Ausweg sucht, der die geringsten negativen Konsequenzen verspricht. Dann ist der Ehrliche der Dumme. Ich konnte also davon ausgehen, dass sie mir die ausstehenden Mieten vielleicht nicht zurückzahlen würde, wenn ich jetzt die Kaution auszahlte. Meine einzige Hoffnung war, dass sie mein Vertrauensvorschuss vielleicht umstimmen und dazu bewegen könnte, ihre Mietschulden doch zu begleichen. Das hat sich bewahrheitet. Inzwischen stottert sie ihre Mietrückstände langsam ab. Die positiven Effekte der Fairness überwiegen meiner Erfahrung nach die wenigen Fälle, in denen man enttäuscht wird. Und diese sind auf lange Sicht und im Hinblick auf die Vielzahl der Fälle gesehen so gering, dass sie sich leicht verschmerzen lassen.

Absprache und Vertrauen sind die besten Mittel, um Dilemmata aufzulösen. Während Letzteres mit bestimmten persönlichen Überzeugungen verbunden ist, kann die Fähigkeit, mit allen Beteiligten zu sprechen und einen vernünftigen Ausgleich zu finden, gelernt werden. Das zeige ich zum Beispiel den Teilnehmerinnen in meinen Workshops, in denen ich die Lösung von Konflikten vermittle. In einem Planspiel, das ich oft machen lasse, geht es darum, die WG-Zimmer in einer Wohnung zu verteilen. Jedes hat gravierende Nachteile, beispielsweise weil es kein WLAN besitzt, ein Durchgangszimmer ist etc., hat aber eben auch Vorteile, weil es beispielsweise größer ist als andere.[1] Ich lasse die Teilnehmerinnen Gruppen bilden und darin eine gemeinsame Lösung erarbeiten. Wer bekommt welches Zimmer? Das ist eine gute Konsensübung, weil die verschiedenen Interessen sowie Vor- und Nachteile so verteilt werden müssen, dass alle damit leben können. Je nach Hintergrund der Teilnehmerinnen dominieren verschiedene Strategien. Hackerinnen fragen oft, welche Wände sie einreißen können; Ökonominnen nehmen dagegen die gesamte Aufgabenstellung mit den Nachteilen der Zimmer fast immer als gegeben hin und umgehen Probleme gerne mit Ausgleichszahlungen. Letztlich finden aber alle Teams eine gute Lösung, die sie dann den anderen präsentieren.

Bei diesen Präsentationen stelle ich immer vier Fragen:

— Wer hätte die Lösung der Gruppe auch allein gefunden?
— Wer glaubt, die Lösung der Gruppe gefunden zu haben, wenn sie alle nur einmal gefragt hätte?
— Wer meint, dass die von der Gruppe im Konsens ausgehandelte Lösung im WG-Leben weniger Probleme machen würde als eine, die eine von ihnen den anderen verordnet hätte, egal wie schlau oder erfahren sie ist?
— Und wann fangen die Teilnehmerinnen an, die Entscheidungen in den Unternehmen, in denen sie arbeiten, auf ähnliche Art und Weise zu treffen?

Die erste Frage bejaht eigentlich niemand. Hin und wieder meint eine Teilnehmerin, sie hätte ja auch zufällig darauf verfallen können, aber im Grunde ist allen im Zuge des Planspiels klar gewor-

---

[1] Einen Wohnungs-Grundriss gibt es hier zum Herunterladen: www.premium-kollektiv.de/grundriss/.

den, dass die beste Lösung nur dann gefunden wird, wenn die Bedürfnisse der Teilnehmenden genau erhoben werden. Die zweite Frage zielt darauf, dass ein einfaches Erheben der Bedürfnisse in der Regel nicht reicht. Eine gründliche Entscheidung braucht Zeit, ein wiederholtes Hin- und Herwenden der Positionen, des Für und Wider. Die erste Lösung ist selten die beste. Dass die so gefundene Lösung im WG-Leben weniger Probleme verursacht als eine einsame Entscheidung von oben, leuchtet den Teilnehmerinnen natürlich auch ein. Allein mit der Umsetzung dieser Einsichten in ihrem Berufsleben zögern einige am Ende trotzdem noch. »Geht das wirklich auch in der Wirtschaft?«, fragen sie. »Na klar«, antworte ich dann. »Wir bei Premium machen das seit über neunzehn Jahren. Dass es geht, zeigt unser Beispiel.«

Offen miteinander zu reden, hilft mir auch bei der Verwaltung der Immobilie, zum Beispiel bei Streit unter den Mieterinnen. Karl, der Rentner, hatte sich angewöhnt, den Hund einer jungen Mieterin zu füttern. Ihr hat das gefallen. Als der Hund Medikamente bekam, hat sie Karl jedoch gebeten, die Fütterung auszusetzen. Karl hat sich daran nicht gehalten, trotz wiederholter Erinnerungen, und den Hund heimlich gefüttert. Als die Mieterin ihn dabei erwischte, hat sie ihn am Arm festgehalten: »Bitte lass das, Karl, der Hund verträgt das gerade nicht.« Karl aber schubste die Mieterin in einen Busch, stürzte sich auf sie und würgte sie, bis ein Freund der Mieterin dazukam.

Es ist leicht vorstellbar, wie erschreckend dieses Erlebnis für die junge Frau gewesen ist. Sie hat mich direkt angerufen, ich habe sie erst einmal vor Ort beruhigt, und dann wurde klar, dass sie sich zu Hause nicht mehr sicher fühlt, weswegen sie mich aufforderte, Karl zu kündigen. Dabei hatte sie auch das Mietrecht auf ihrer Seite. Wer eine Nachbarin angreift, kann fristlos gekündigt werden.

Ich konnte das aber nicht. Denn wenngleich ich die Sorge und vor allem den Ärger der Mieterin nachvollziehen konnte, habe ich mich gefragt, wo Karl denn unterkäme, wenn ich ihm kündigte? Wohin sollte ein 79-jähriger Rentner so kurzfristig ziehen? Wer gibt einem alten Mann mit wenig Geld und Aggressionen eine Wohnung? Und soll man alte Bäume überhaupt noch verpflanzen? Damit steckte ich in einem Dilemma. Ich schrieb Karl deshalb einen zweiteiligen Brief. Im ersten Teil erklärte ich ihm, dass seine Attacke auf die andere Mieterin Grund genug für eine fristlose Kündigung sei. Wobei »fristlos« nicht geheißen hätte: in einem Jahr, wie er dachte, sondern sofort. Die Mieterin verlange diese Kündigung und sie tue das zu Recht. In einem zweiten, persönlichen Teil erklärte ich ihm, dass diesen Schritt eigentlich niemand gehen wolle. »Lieber Karl, keiner will dich auf der Straße sehen. Das Dumme ist nur, wenn du dich so verhältst, habe ich keine andere Wahl, als dich rauszusetzen. Sorge bitte dafür, dass sowas nie wieder vorkommt, sonst habe ich keine andere Wahl.« Ein Wink mit dem Zaunpfahl. Karl hatte daraufhin verstanden und entschuldigte sich nicht nur in aller Form, sondern lieferte auch eine glaubwürdige Erklärung dafür, warum mit einer Wiederholung solcher Angriffe nicht zu rechnen sei. Er sei Herz-Patient und die Aggressionen eine verbreitete Folge falscher Medikamentierung. Sein Arzt stelle diese nun neu ein und damit kehre seine alte Gemütsruhe zurück. Diese Erklärung konnte die Mieterin akzeptieren und ich auch. Außerdem wäre die fristlose Kündigung unter diesen Umständen auch rechtlich nicht mehr so einfach gewesen, denn Karl hatte mit seiner Erklärung eine der wenigen Ausnahmen bezeichnet, die es in solchen Fällen gibt. Ich hätte ihm also auch dann nicht fristlos kündigen können, wenn die Mieterin weiterhin darauf bestanden hätte, zumindest nicht ohne größeren Streit. Karls kluge Reaktion hat die gute Nachbarschaft wiederhergestellt. Es ist gar nicht nötig, jeden Ausweg aus einem Dilemma selbst zu finden. Die anderen sind ja auch schlau. Oft reicht es, den Raum für eine gute Lösung frei zu machen.

Genau das, zusammen gute Lösungen zu finden und den Raum dazu frei zu machen, ist eines meiner Erfolgsrezepte. Es hat sich auch in der Getränkelogistik des Fusion Festivals bewährt und beschert mir seither ein Zimmer in einer Ferienwohnung, Freikarten und Freibier für das Mecklenburger Festival.

Unsere Zusammenarbeit fing damit an, dass das Festival vor vielen Jahren begann, unsere Cola zu kaufen. Wir sind dafür sehr dankbar, denn die Organisatorinnen könnten sich die Paletten auch von einer kommerziellen Produzentin schenken lassen und eine Menge Geld sparen. Stattdessen kaufen sie seit vielen Jahren unsere Premium-Cola und unterstützen uns damit. Das Fusion Festival hat achtzigtausend Besucherinnen.

Ich wollte mich für die Unterstützung gerne bedanken und habe überlegt, wo ich helfen könnte. Da ist mir die Getränkelogistik aufgefallen. Die war auf die übliche Weise professionell organisiert, was die üblichen Probleme mit sich brachte. Ein Händler stellte den Bedarf fest, schrieb den Transport aus und ließ die Paletten von der günstigsten Spedition zu von ihm festgelegten Terminen liefern. Damit war die Sache für ihn erledigt. Für seine Kundin aber nicht. Der Profi hatte die einzelnen Bedürfnisse überhaupt nicht miterfasst und das verursachte erhebliche Schwierigkeiten. Schon am ersten von zwei Anliefertagen stauten sich die Lkws vor der Halle. Wenn achtzehn Lkw-Fahrerinnen stundenlang im Stau stehen, weil sie nicht abladen können, entsteht Stress und es kommt zu Streit. Wer darf zuerst abladen? Wer muss länger warten und verliert noch mehr Zeit – und Geld? Die Fahrerinnen hatten schließlich auch noch etwas anderes zu tun, als den ganzen Tag vor einem Getränkelager Schlange zu stehen. Sie wurden wieder zurückerwartet oder noch woanders, womöglich unter Androhung von Vertragsstrafen bei Verspätung. Dieser Stress übertrug sich natürlich in die Halle – auf die Staplerfahrerinnen, die Logistikerinnen, die Teams an den Getränkeständen, die erst auf ihre Waren warten und dann in Eile abladen mussten. Die Arbeit wurde schlechter. Es gab Streit und Hektik, Flaschen gingen kaputt, Menschen verletzten sich bei der Arbeit und es fielen viel mehr Arbeitsstunden an, als geplant und nötig waren.

Um dieses Chaos zu vermeiden, sprach ich mit den Leuten, bei denen die Getränke ankamen, und mit denen, die die Getränke lieferten. Wann wollen die Produzentinnen die Getränke gerne produzieren? Wann können sie sie gut verladen? Wann passt den Speditionen die Lieferung? Wann wollen die Gabelstaplerfahrerinnen welche Getränke geliefert bekommen? Und wie verhalten sich diese Wünsche zu denen der Pendelfahrerinnen, die die Bars auf dem Festivalgelände beliefern? Und was brauchen die Crews in diesen Bars? Wäre es vielleicht gut, wenn zumindest in der ersten Lieferung die Paletten schon vorgemischt wären, sodass es eine Auswahl an Getränken gäbe, und nicht Cola, Bier und Mate palettenweise ankommen und dann in der Bar sortiert werden müssen, in der eigentlich gar kein Platz dafür vorhanden ist? Wie viel Zeit und Menschen brauchen wir dann in der Halle und wann müssen dafür welche Waren vor Ort sein? So liefen die Abstimmungen zwischen den Beteiligten hin und her. Über die Pendelfahrerinnen, die Packerinnen und Spediteure. Das ging nicht in einer einfachen Absprache, sondern brauchte ein langwieriges Frage-und-Antwort-Spiel. Ganz ähnlich wie im Planspiel mit den WG-Zimmern.

Ich brauchte für die Planung viel länger als der Profi vor mir. Unser neuer Plan funktionierte aber auch viel besser. Kein Lkw musste länger als eine Stunde warten und es standen nie mehr als zwei vor dem Tor. Es gab keine lauten Worte, im Gegenteil. Es gab Gelächter und fröhliches Winken. Es gingen nur viereinhalb Kisten zu Bruch statt achtzig. Und wir konnten aus dem guten Einvernehmen heraus Dinge realisieren, die vorher nicht möglich waren. Wir sparten zum Beispiel durch die Optimierung des Rücktransports neun Lkws ein, einfach weil wir auf dem Rücktransport zum Teil mehr Kisten auf einen Lkw luden als beim Hintransport. Bei der Anlieferung ist die Beladung der Lkws durch das in Deutschland zulässige Maximalgewicht von vierzig Tonnen begrenzt. Deshalb können die Lkws nicht bis unters Dach vollgepackt werden. Leergut ist jedoch viel leichter und deshalb suchte ich nach einem Weg, wie ich die Lkws höher beladen lassen konnte, zum Beispiel mit acht Kästen übereinander anstatt mit fünf. Das zu realisieren war jedoch viel schwieriger als gedacht, denn jede, die ich fragte, ob da nicht etwas zu machen wäre, sagte erst einmal: »Nein, das geht so nicht.« »Wie ginge es denn?«, fragte ich zurück und so kamen wir ins Gespräch. Das Gespräch lief in alle Richtungen.

»Kann man Kisten höher stapeln?«, fragte ich die Staplerfahrerinnen.

»Glas nicht, Plastik schon. Denn so hohe Türme mit Glas zu bewegen ist sehr heikel, wenn uns Plastik zusammenstürzt, ist das aber nicht so schlimm.«

»Gar keine Chance bei Glas, auch nicht eine Reihe höher?«

»Naja, wir könnten's mal versuchen. Aber dann müssten die Kisten anders hingestellt werden.«

»Geht das? Und haben wir genug Platz in der Halle?«, wandte ich mich an die Packerinnen. »Und könnten die in den Bars das nicht vorbereiten?«

Schließlich ging vieles doch, zumindest von unserer Seite aus, aber die Lkws waren oft zu niedrig. Wir brauchten nicht nur die Packhöhe im Lkw, sondern auch noch Spielraum zum Laden. »20 cm müssen es mindestens sein«, sagten die Gabelstaplerfahrerinnen, aber die gab es bei vielen Lkws schon mal gar nicht. »Es gibt jedoch Mega- und Gigatrailer«, sagte mir Bernd Velke von der Süßmosterei Lütau, der die Fusion ebenfalls belieferte. »Die sind nicht nur höher, sondern können auch das Dach anheben, dann habt ihr Platz zum Laden. 2,92 m Ladehöhe bei 2,95 m Laderaumhöhe geht.« Wären wir mit der Lütauer Mosterei in der branchenüblichen Konkurrenz gestanden, hätte ich diesen Tipp nicht bekommen. »Drei Zentimeter«, raunten die Gabelstaplerfahrerinnen, »das reicht niemals«. »Doch«, meinte Bernd, »das geht, das mache ich immer so.« Klar, dass das die Leute bei der Fusion nicht auf sich sitzen lassen wollten. »Wenn die Lütauer das können, können wir das auch!« Allerdings konnten die Giga- und Megatrailer wegen ihrer kleineren Räder auf dem weichen Boden vor der Halle nicht fahren. Wir mussten ihn also verdichten. Und können die Produzentinnen die höhere Ladung überhaupt annehmen oder haben die dann wieder Probleme? Und wie viel mehr Zeit, Platz und Personal benötigen wir vor Ort, um die Ladungen entsprechend vorzubereiten? Haut das alles hin? Und lohnt sich der Aufwand dann überhaupt noch oder frisst die aufwändige Vorbereitung jeden Gewinn wieder auf?

Schließlich ist unsere Rechnung doch aufgegangen. Neun Lkws weniger im Ort, auf den Straßen und auf der Rechnung. Weniger Lärm, weniger Abgase, weniger Verkehr. Dafür mehr Gemeinschaft, mehr Gewinn, mehr Spaß bei der Arbeit. Als wir merkten, dass es gehen kann, hat das jede Einzelne im Team angespornt. Denn anders als durch eine Gemeinschaftsleistung wäre das auch gar nicht möglich gewesen. Nicht nur vor Ort, sondern überhaupt mit allen, die betroffen waren. So konnten wir nicht nur Lkws höher beladen, wir konnte auch Fuhren zusammenlegen, die eigentlich einzeln geplant waren. »Wir haben ja denselben Abfüller, Uwe?«, sagte Paul von Ostmost. »Wollen wir dann nicht unser Leergut zusammenlegen? Sparen wir eine Fuhre.« Zusammenarbeiten, nicht gegeneinander. Nachhaltig, günstig und sicher.

Die Fusion fand das super und bot mir einen Bonus an. Den habe ich dankend abgelehnt. Dass sie weiterhin unsere Cola kaufen, war mir genug der Anerkennung. Dass ich beweisen konnte, dass es besser geht, hat mich natürlich auch gefreut. *Proof of concept*. Und als die Fusion mir in den Folgejahren, in denen ich die Logistik wieder übernahm, eine Ferienwohnung und VIP-Bändsel anbot, sagte ich auch nicht Nein. Ich mag das Festival und die Menschen dahinter sehr und freue mich trotzdem, wenn ich nicht campen muss.

5

Sicherheit durch Unsicherheit

Die Coronakrise hat uns alle verunsichert. Dass wir so gut durchgekommen sind, liegt auch daran, dass es uns gelungen ist, Sicherheit in der Unsicherheit zu schaffen. Indem wir uns mit unseren Geschäftspartnerinnen zu Anfang jede Woche neu absprachen, konnten wir viele Zahlungen verschieben und ein Polster anlegen, aus dem wir dann nicht nur die bezahlen konnten, die dringend Geld brauchten, sondern auf dem wir auch selbst durch die Krise gerutscht sind, zumindest bisher. Dabei war dieses deliberative Verfahren gar nicht neu. Im Grunde wende ich es schon lange an. Ich schließe keine schriftlichen Verträge, sondern treffe die Absprachen mit meinen Geschäftspartnerinnen immer unter dem Vorbehalt, dass der Konsens, den wir gerade gefunden haben, nur so lange gilt, wie alle damit zufrieden sind. Sollte sich daran etwas ändern, weil die Umstände oder Interessen sich ändern, verhandeln wir neu. Damit ist eine gewisse Unsicherheit verbunden, denn wir können nicht so sicher für die Zukunft planen wie andere, die feste Verträge haben. Tatsächlich planen wir aber auch viel weniger als andere Unternehmen. Es gibt keine Umsatzziele, keine festen Terminpläne, wann etwas fertig sein muss, sondern bestenfalls offene Absprachen und Wünsche. Es wäre schön, wenn der Umsatz nicht weniger würde, damit wir weiterhin alle bezahlen können. Es wäre gut, wenn die neue Homepage dann und dann fertig ist, weil wir dann die neuen Funktionen benötigen. Ich plane generell wenig und biete damit auch allen, mit denen ich zusammenarbeite, einen großen Spielraum, sich die Sachen so einzurichten, wie es ihnen passt.

Das fordert manche heraus, weil es keine klaren Linien gibt, auf die sie zu- und an denen sie entlanglaufen können, aber es bietet ihnen auch große Freiheiten. Wir haben zum Beispiel vor ein paar Jahren eine neue Kollektivistin dazugeholt, die sich um die Gebiete kümmern sollte, in denen der Absatz schwach war, und diese Gebiete stabilisieren sollte. Das hat sie aber nicht getan. Sie hat stattdessen Bilder bearbeitet, Veranstaltungen moderiert und wissenschaftliche Arbeiten über unser Kollektiv betreut, sie hat sich viele Gedanken gemacht, aber die Arbeit, die sie eigentlich tun sollte, ließ sie liegen. Die Stunden, die bei ihrer schöpferischen, selbst gewählten Arbeit anfielen, rechnete sie natürlich trotzdem ab.

Nachdem verschiedene Ermunterungen von Mitkollektivistinnen, doch bitte ihre Arbeit zu tun, wirkungslos blieben, traf ich mich mit ihr. Während wir bei mir um die Ecke über den Deich spazierten, erklärte sie mir, dass sie zwar für den Vertrieb engagiert worden sei, darin aber nicht arbeiten wollte. Sie sähe sich mittlerweile klarer als kreative und künstlerische Person und wollte mit dem schnöden Verkaufen eigentlich nichts zu tun haben.

Das war ein Bruch unserer Vereinbarung, denn genau dafür hatten wir sie ja in unser Kollektiv aufgenommen. An einer Künstlerin hatten wir eigentlich keinen Bedarf. Dennoch nominierte ich sie daraufhin nicht für die Kündigung, sondern besprach mit ihr, wie wir ihre Stellenbeschreibung anpassen könnten, damit sie besser zu dem passte, was sie wirklich machen wollte, und trotzdem noch etwas von dem enthielt, das uns nützte. Das ist uns gelungen. Für den Vertrieb mussten wir jedoch jemand anderes dazu holen und bezahlen jetzt zwei Kollektivistinnen, obwohl wir nur eine brauchen. Andererseits ist uns die Künstlerin sehr dankbar und hat deshalb in der Coronakrise stark mitgezogen, und zwar in technischen und kommunikativen Aufgaben.

Unser offener Umgang mit Verträgen kann für uns manchmal kostspielig sein. Wir gewinnen damit aber auch eine größere Sicherheit, denn wir können auf Veränderungen oder Krisen besser reagieren. Wenn wir zum Beispiel merken, dass wir doch nicht so viel Cola verkaufen, wie wir angenommen haben, können wir unsere Sirup-Bestellung kurzfristig ändern und einfach weniger abnehmen. Für den Hersteller ist das kein Problem. Wir sind ein so kleiner Kunde, dass er den Wegfall leicht ausgleichen kann. Andernfalls ginge das auch gar nicht. Wir brechen keine Vereinbarungen und lassen auch niemanden im Stich, aber wir möchten gern die Freiheit haben, Absprachen auch unsererseits neu zu verhandeln, wenn sich die Rahmenbedingungen ändern. Deshalb setzen wir auf Freiwilligkeit anstatt auf Zwang, auf Konsens anstatt auf Verträge, auf Freiheit anstatt auf Erwartungssicherheit. Letztere gibt es meines Erachtens sowieso nicht. Verträge versuchen zwar, diese herzustellen, sie tun dies aber auf Kosten der Kooperation und das heißt eben Freiwilligkeit der Zusammenarbeit. Wenn alles nach Plan läuft und sich die Umstände und Interessen der Beteiligten nicht ändern, wird kein Vertrag benötigt. Sollte sich für eine Partei etwas ändern, gibt der Vertrag der anderen Partei zwar das Recht, ihre Ansprüche durchzusetzen, sie verändert damit jedoch die Art der Zusammenarbeit, indem sie von der anderen Seite erzwingt, was diese nicht freiwillig geben möchte. In den Möglichkeiten, Vertragsbrüche zu ahnden und Vertragstreue zu erzwingen, verrät das Vertragsrecht noch seine Herkunft aus einem kriegerischen Zustand.

Andersherum hat das Wort »Vertrag« eine Wurzel in der Verbindung oder im Bündnis. Zwei Parteien tun sich zu einer gemeinsamen Unternehmung zusammen und legen dabei genau fest, wer was wann macht. In diesem Sinne schließe auch ich Verträge. Dabei finde ich es besonders wichtig, nicht nur die gegenseitigen Erwartungen möglichst genau zu formulieren, sondern auch darüber zu sprechen, welche Konsequenzen das für jede Seite hat. Ein Vertrag im juristischen Sinne ist dazu jedoch nicht notwendig. Vielmehr bleiben dort oft einzelne Punkte unklar, vielleicht auch deshalb, weil eine Seite ein Interesse daran hat, den Vertrag für sie besonders günstig zu formulieren. Den dadurch überhaupt erst erzeugten Streit klären dann die Gerichte. Ich habe in bald zwanzig Jahren Betrieb des Premium-Kollektivs noch nicht einen einzigen Rechtsstreit gehabt. Das spart nicht nur Energie, die ich gut anders investieren kann, sondern auch eine Menge Geld. Es setzt freilich auch voraus, hin und wieder zugunsten der anderen auf einen eigenen Vorteil zu verzichten – oder, wie ich es eingangs gesagt habe, sich für andere großzumachen, wenn die unsere Abmachung nicht einhalten können. Im Gegenzug machen sich dann auch mal andere für uns groß, wenn wir klein sind, wie zum Beispiel unser Sirup-Hersteller, der uns nicht zwingt, den ganzen Sirup abzunehmen, den wir bestellt haben, wenn wir ihn nicht verwenden können. Welchen Sinn sollte es auch haben, einen Geschäftspartner in Not zu bringen, nur um ein einzelnes Geschäft abzuschließen? Wir wollen ja alle lange zusammenarbeiten, freiwillig und gerne. Und das setzt eben voraus, die Absprachen offen zu halten und gegebenenfalls zu ändern, damit alle zufrieden bleiben.

Dass alle zufrieden bleiben, hat für uns als Kollektiv natürlich eine besondere Bedeutung. Das liegt auch daran, dass unsere Geschäftsentscheidungen nicht nur von einer kleinen Gruppe getroffen werden, sondern von allen – zumindest theoretisch. Denn wenngleich sich nicht immer alle an allen Entscheidungen beteiligen, sondern vielem auch einfach stillschweigend zustimmen, hat doch jede die Möglichkeit, nicht nur an der Entscheidungsfindung mitzuarbeiten, sondern getroffene Entscheidungen auch immer wieder infrage zu stellen. Das deliberative, demokratische Betriebssystem führt dazu, dass wir alle Entscheidungen nur vorläufig treffen – bis wir es uns anders überlegen. Daraus resultiert eine doppelte Zukunftsoffenheit für unser Handeln, auf die wir mit der Vertragsfreiheit zu reagieren versuchen, eine allgemeine und eine besondere. Es ist nicht nur so, dass sich die Dinge eben immer auch anders entwickeln können, als es sich die vertragsschließenden Parteien bei Abschluss denken, und wir dafür offenbleiben möchten. Es gilt ebenso, dass wir uns als Kollektiv Dinge leichter anders überlegen können als stärker hierarchisch geführte Unternehmen und wir für unsere eigenen deliberativen Prozesse offen bleiben möchten.

Diese Offenheit in unseren Entscheidungen resultiert nicht daraus, dass wir nicht wüssten, was wir wollen, sondern daraus, dass wir sehr viel wollen. Wir sind kein gewinnorientiertes Unternehmen, das für seinen Erfolg am Markt strategische Entscheidungen trifft und dann im Nachhinein einiges anders haben möchte, um seinen Gewinn zu optimieren. Wir sind ein ethisch motiviertes Kollektiv, das am Markt überleben und seine Entscheidungen deshalb permanent zwischen der Logik des Marktes und seinem eigenen Ethos ausbalancieren muss – und das heißt eben bis auf Widerruf.

Wir nutzen den Spielraum, der aus der Vertragsfreiheit entsteht, jedoch vor allem dafür, mit unseren Partnerinnen fairer umzugehen. Wir bieten den Händlerinnen zum Beispiel an, abgelaufene Ware zurückzunehmen, zumindest dann, wenn das unverschuldet geschieht. Das heißt, dass wir die Händlerin bitten, uns zu informieren, wenn das Mindesthaltbarkeitsdatum unserer Getränke bei ihr näher rückt, damit wir gemeinsam entscheiden können, wie wir mit dieser Situation am besten umgehen und wie wir sie in Zukunft vermeiden können. Wie ist es dazu gekommen? Hat sie absehbar zu viel bestellt oder sich einfach verkalkuliert? Gab es Einwirkungen auf ihr Geschäft, die für sie unvorhersehbar waren, wie zum Beispiel eine Pandemie, die zur Schließung vieler gastronomischer Betriebe führte? Kann sie die Getränke noch durch eine Rabattaktion loswerden? Geht das nicht und trifft die Händlerin auch keine Schuld an der Lage, nehmen wir die Waren wieder zurück. Wir versuchen dann, sie an jemand anderen zu verkaufen oder geben sie an ein Food-Sharing-Projekt. Wir treffen für diese Fälle jedoch keine schriftlichen Vereinbarungen, sondern verhandeln offen miteinander. Immer in der Absicht, der anderen nach Möglichkeit zu helfen, uns aber auch nicht für dumm verkaufen zu lassen. Wenn eine Händlerin auf gut Glück zehn Paletten bestellt, dann mal schaut, was passiert, und uns erst anruft, wenn alles abgelaufen ist, können wir ihr auch nicht mehr helfen.

In den meisten Fällen können wir es aber schon und diese Kulanz ist möglich, weil unsere Zusammenarbeit von wechselseitigem Entgegenkommen und nicht von Rechtspflichten geprägt ist. Tatsächlich wirkt dieses Entgegenkommen meiner Erfahrung nach auch stärker als die Bindung durch Vertragspflichten. Wir hatten zum Beispiel einen neuen Händler aufgenommen, den unser Großhändler in der Region jedoch nicht beliefern wollte, weil die vorherige Besitzerin des Geschäfts bei ihm noch Schulden hatte. Der neue Geschäftsinhaber war für diese Schulden jedoch nicht mehr verantwortlich, sie stammten aus einer Insolvenz der Vorbesitzerin. Wir konnten weder den Großhändler verpflichten, den neuen Inhaber zu beliefern, noch diesen verpflichten, die alten Schulden zu bezahlen. Dennoch wollten wir gerne eine Geschäftsbeziehung etablieren. Also boten wir an, die Schulden zu dritteln. Der neue Inhaber sollte ein Drittel zahlen, freiwillig. Der Großhändler sollte auf ein Drittel verzichten, während wir das letzte Drittel übernähmen. Diesen Vorschlag fand der Großhändler so gut, dass er vorerst auf die Begleichung der Schulden verzichtete und die Lieferung aufnahm. In einem anderen Fall beglich ein Händler, der uns noch Geld schuldete und insolvent wurde, seine Schulden viele Jahre später doch noch, obwohl er dazu per Gesetz nicht mehr verpflichtet gewesen wäre. Als ich ihn fragte, wie wir zu dieser unverhofften Zahlung kämen, sagte er, wir seien die Einzigen gewesen, die ihn während seiner Insolvenz nicht bedrängt hätten und das wolle er uns nun, wo es ihm finanziell besser gehe, danken. Wirklich große Zahlungsausfälle haben wir allerdings noch nie gehabt. Außer diesem waren es nur zwei in all den Jahren. Wir setzen nicht auf Vertragstreue, sondern auf Vertrauen und Wohlwollen. Das zahlt sich aus.

Die Abhängigkeit der Vertragsfreiheit von unseren ethischen Grundannahmen versuche ich auch dort deutlich zu machen, wo es ohne Vertrag nicht geht. Das ist nicht nur bei der Bank so, die mir kein Konto und auch keinen Kredit gibt, ohne dass ich da etwas unterschreibe, sondern auch bei manchen Firmen, die ich unternehmerisch berate oder die mich zu Workshops einladen. Auch sie benötigen zum Teil einen Vertrag. Diese Fälle nutze ich dann, um meine Grundnahmen in das Unternehmen einzuschleusen, zumindest als Gesprächsanstoß. Ich sage der anderen Seite nicht, wie viel Honorar ich haben möchte, sondern dass wir uns bei Premium darauf geeinigt haben, das zu fordern, was für sie »fair und leistbar« ist. Wenn sie nur die Fahrtkosten bezahlen können, komme ich trotzdem; und wenn sie nicht einmal die bezahlen können, weil sie kein Geld haben, komme ich auch. Wenn sie aber etwas bezahlen können, sollen sie sich überlegen, was ihnen fair erscheint und was für sie leistbar ist. Das führt in den Unternehmen oft zu langen Diskussionen über den Wert der Arbeit und die Gleichwürdigkeit derjenigen, die diese Arbeit tun. Ein Autokonzern beispielsweise brauchte einmal drei interne Sitzungen, um das zu entscheiden. Sollten sie mir zwei- oder dreitausend Euro zahlen, den Tagessatz einer Unternehmensberaterin? Oder fünftausend, das Vortragshonorar einer professionellen Rednerin? Das wäre finanziell kein Problem. Oder sollten sie doch sparen und mir nur 19,50 Euro bieten, unseren Einheitsstundenlohn für Menschen mit Homeoffice, meinetwegen plus Spesen und für den ganzen Tag? Das wäre aber wohl nicht fair. Indem sie diese Diskussion führten, hatten sie schon mit der Arbeit begonnen, die ich mit ihnen in Angriff nehmen wollte, und sich gedanklich schon ein gutes Stück in die Richtung bewegt, die ich ihnen gerne weisen wollte. Die Vertragsfreiheit musste ich aufgeben, dafür konnte ich meine Grundannahmen bereits im Vorfeld platzieren. Und die sind viel wichtiger, denn dass wir keine Verträge machen müssen, liegt eben daran, dass diese Annahmen gelten.

Ich behalte meine Vortrags- und Beratungshonorare übrigens nicht selbst; sie fließen alle in einen Topf, aus dem wir alle Vortragenden und Beratenden zum Einheitslohn bezahlen. Mit dem Geld, das dabei übrig bleibt, finanzieren wir Vorträge und Beratungen, für die die Auftraggeber kein Honorar bezahlen können. Dieses Modell funktioniert seit über dreizehn Jahren.

— MIGUEL MARTINEZ, *Sprecher von Premium Cola in Hamburg.*

Ich arbeite in verschiedenen Branchen selbstständig. Beim Premium-Kollektiv bin ich seit neunzehn Jahren. Ich war im Spirituosenvertrieb tätig, als ich Uwe auf seiner ersten öffentlichen Veranstaltung gesehen habe, in der Astra Stube in Hamburg. Die Idee, seine eigene Cola zu produzieren, fand ich so verrückt, dass ich dachte, da muss ich unbedingt mitmachen. Also habe ich mich mit Uwe getroffen und angefangen, Premium zu vertreiben. Er hat mir gleich am ersten Abend eine Kiste Cola mitgegeben und ich habe die an verschiedene Gastronomen verteilt, die ich kannte. Mit dem Getränk bin ich offene Türen eingelaufen. Am Anfang war Premium noch so eine Art Anti- oder Rebellen-Cola. Es war vor allen die Gegen-Attitüde, die die Leute überzeugt hat. Gegen Großkonzerne, gegen Kapitalismus, gegen miese Massenproduktion. Das traf es auch irgendwie. Zur Idee eines Kollektivs und eines nachhaltigen und fairen Wirtschaftens haben wir uns erst später weiterentwickelt. Ich bin jetzt der Sprecher für Premi-

um in Hamburg. Sprecher heißt, dass ich nicht nur den Vertrieb mache, sondern für alles ansprechbar bin, was unsere Produkte betrifft. Aber natürlich ist der Vertrieb meine Hauptarbeit. Dabei hilft mir unsere Idee, Kunden von Premium zu überzeugen. Aber längst nicht alle. Viele kaufen die Cola auch einfach deshalb, weil sie wirklich gut schmeckt. Wir haben das Rezept von einer älteren deutschen Cola-Marke übernommen, das von dieser aufgegeben wurde und kamen bisher in fast allen Blindverkostungen auf Platz Eins. Nur einmal sind wir Zweiter geworden. Bei denjenigen, die unsere Cola kaufen, weil sie einfach super schmeckt, ist die Idee zwar nicht so wichtig, sie stört auch nicht, denn wir sind kein unsympathischer Großkonzern, bei dem man sich rechtfertigen müsste, dass man seine Produkte überhaupt verkauft – zumindest vor manchen Leuten. Dass Gastronomen gerne eine alternative Cola im Angebot haben wollen, ist ein weiterer Grund, warum sie sich für Premium Cola entscheiden, zumindest als Zweit-Cola neben einer anderen größeren Marke. Der Vertrieb in der Gastronomie ist für uns so wichtig, weil wir in den Handel schwer reinkommen. Die Preise, die die großen Supermarktketten dafür verlangen, dass sie uns einen Platz in ihren Regalen einräumen, können wir nicht bezahlen und wollen das auch nicht.

Ein dritter Grund, warum sich Gastronomen für unsere Cola entscheiden, sind persönliche Beziehungen zu einem von uns. Wenn man einen Freund oder eine Freundin hat, die Cola herstellt, und man selber Getränke verkauft, ist es eben Ehrensache, dass man deren Cola auch nimmt. Außerdem gibt es bei uns keine Knebelverträge wie bei manchen Getränkemarken, die allein einen zehnseitigen Vertrag aufsetzen, wenn sie einem Gastronomen einen Kühlschrank zur Verfügung stellen. Bei uns gibt es gar keine Verträge und das finde ich auch gut so. Bisher habe ich einen Vertrag immer nur mit solchen Institutionen abgeschlossen, die ich nicht mochte, mit der Bank, mit dem Vermieter oder mit der Handy-Gesellschaft. Und ehrlich gesagt habe ich immer dann, wenn ich einen Vertrag unterschreibe, das Gefühl, dass ich über den Tisch gezogen werde, oder zumindest die Sorge davor. Denn ich denke, man macht Verträge nur mit Menschen, denen man nicht vertraut. Wenn ich mir als junger Mann das Auto von meiner Mutter ausgeliehen habe, hat sie auch keinen Mietvertrag aufgesetzt wie bei einem professionellen Verleihservice, sondern mir den Wagen einfach gegeben, weil sie mir vertraut hat. So ist es bei uns auch. Wir haben inzwischen mit 1 700 Geschäftspartnern zusammengearbeitet und fast nie einen Vertrag gemacht, sondern immer aufgrund persönlichen Vertrauens und einer persönlichen Beziehung kooperiert. Das war bei uns trotz der großen Zahl möglich, weil wir ein Kollektiv sind und es eben in fast jeder Stadt eine gibt, die zu der Geschäftspartnerin hingehen, sich ihr gegenüber vorstellen und für uns sprechen kann – und die der Partnerin in die Augen schauen kann, um zu überprüfen, ob wir uns auf sie verlassen können oder nicht. Das gegenseitige Vertrauen ersetzt bei uns auch die Arbeitsverträge. Dass ich keinen Arbeitsvertrag habe, stört mich überhaupt nicht, denn ich weiß, dass meine Stelle nicht infrage gestellt werden wird, solange ich mich gegenüber den Leuten, mit denen ich zusammenarbeite, fair verhalte. Das ist die größte Sicherheit, die man auf der Arbeit haben kann. Sicherheit durch persönliche Beziehungen und Vertrauen. Außerdem kann man alle Sachen neu verhandeln, wenn man keine Verträge hat. Nachdem im Jahr 2017 die neue Lkw-Maut eingeführt worden war, mussten wir zum Beispiel alle unsere Abmachungen neu verhandeln, weil wir den Spediteuren mehr Geld bezahlen mussten. Sonst hätten die zu wenig verdient. Das wäre mit festen Lieferverträgen schwierig gewesen. Da wir mit unseren Kunden keine Verträge gemacht hatten, gab es jedoch eine gewisse Offenheit, die *es uns ermöglicht hat, die Preise den erhöhten Transportkosten anzupassen und die Kosten und Gewinne fair zu verteilen. Überhaupt finde ich es wichtig, dass wir die Wirtschaft selbst fairer und menschlicher machen und nachhaltiger. Und dass man zusammenarbeitet, weil man mit den anderen gemeinsam etwas erreichen möchte und nicht nur des Umsatzes wegen. Sind die menschlichen Beziehungen gut, sind Verträge unnötig. Das verlangt aber auch, die menschlichen Beziehungen zu pflegen, und so wird die Beziehungsarbeit innerhalb des Unternehmens zu einem wichtigen Erfolgsfaktor und das sorgt eben auch dafür, dass das Wirtschaften menschlicher und fairer wird. Dieses Vertrauen habe ich auch gespürt, als das Kollektiv mir Anfang letzten Jahres achttausend Euro überwiesen hat, um meine Steuerschulden zu bezahlen. Wir haben das in einer Telefonkonferenz vereinbart und am selben Tag haben die das Geld noch angewiesen. Ohne irgendetwas Schriftliches. Sie wussten, dass ich das Geld abarbeite und nicht damit durchbrenne. Warum sollte ich für achttausend Euro die jahrelange gute Arbeit und gute Beziehungen zu den anderen auf Spiel setzen? Mein Verlust wäre doch viel zu groß.*

6
BWL-Inseln

Das gute Geschäft.
Ein unmoralischer Deal?

Jürgen Radel
Professor für Betriebswirtschaftslehre, HTW Berlin

Das Betriebssystem von Premium wird in meinen Vorlesungen an der Hochschule für Technik und Wirtschaft (HTW Berlin) in Berlin seit Jahren mit Studierenden der Betriebswirtschaftslehre (BWL) diskutiert. Ziel dabei ist es, der BWL, wie sie seit Jahrzehnten gelehrt wird, einen Ansatz gegenüberzustellen, der aus meiner Sicht so radikal anders ist, dass er neue Perspektiven eröffnen kann – vielleicht auch deshalb, weil die Studierenden oft erst einmal irritiert sind, wenn wir über einen Antimengenrabatt oder die »Arschlochfreie Kette« reden.

Üblicherweise findet diese Diskussion am Ende des Semesters statt. Sie fordert die Studierenden heraus, sich mit eigenen Werten auseinanderzusetzen, indem sie ein unmoralisches Angebot bekommen. Hier müssen sie entscheiden, ob sie im Team »Uwe« oder im Team »Jan« (Marsalek, Wirecard) spielen.

Das gute Geschäft

Am Anfang der Diskussion, die sich über die Sitzungen in einem Zeitraum von etwa zwölf Wochen erstreckt, steht die Frage: »Was ist das gute Geschäft?« Damit ist auch die Frage nach rationalen

Entscheidungen in der BWL verbunden. In der Diskussion wird schnell klar, dass ein Geschäft zwar gut für den einen sein kann, aber gleichzeitig auch schlecht für den anderen. Auf die Frage, was die Studierenden denn tun würden, wenn sie die Möglichkeit hätten, ein ökonomisches System so auszunutzen, dass sie selbst einen Vorteil erlangen, der andere jedoch einen Nachteil, antworten sehr viele mehr oder minder entrüstet, dass sie das nicht tun würden. Schließlich seien sie anständig handelnde Personen. Auf diese Frage komme ich am Ende der unten beschriebenen Intervention noch einmal zurück, dann geht es darum, wie die Studierenden diese Frage tatsächlich beantworten, wenn ihre Antwort für sie reale Konsequenzen hat.

Um zu verdeutlichen, dass Wirtschaften in vielen Bereichen irrational ist, frage ich zunächst, wer hundert Euro haben möchte. Die erste Reaktion ist Schweigen und erst nach einiger Zeit gehen zaghaft einige Hände nach oben (siehe hierzu den »10 Dollar Bill«-Versuch, den Saul Alinksy 1971 unternommen hat). Die Reflexion über diese Übung in der BWL ist ein guter Start, um Eigenschaften von Unternehmerinnen und Unternehmern zu diskutieren, aber auch die Frage nach dem Vertrauen in Autoritäten, eigenen Vorannahmen, von bestehenden Routinen und eigenen Glaubenssätzen (»Es gibt nichts geschenkt«). Manchmal hat man auch einfach Glück und war zum richtigen Zeitpunkt am richtigen Ort – das Glück der Geburt in einem reichen Land (siehe Young zum »lucky sperm club«).

Aber die Studierenden trauen dem vermeintlichen Geschenk[1] nicht so leicht. »Es kommt meist die Frage: Was ist der Haken an dem Geschenk?« Der Haken ist, dass der oder diejenige sich das

---

[1] Geschenk heißt auf Englisch »gift« und stiftet damit – wiederum als deutscher Begriff verstanden – eine einschlägige Verbindung. Die Frage ist also, ob das Geschenk nicht vielmehr ein Gift ist. Aber auch hier gilt: Die Dosis macht das Gift und viele Medikamente basieren auf Giften.

Geld mit jemand anderem aus dem Kurs teilen muss. Allerdings kann eine Person bestimmen, wie viel des plötzlich gewonnenen Reichtums er oder sie abgeben will (siehe Saul Alinksy 1971 »haves« und »have nots«). Wird das Angebot der Teilenden akzeptiert, gibt sie das Geld ab. Wird es nicht akzeptiert, behalte ich das Geld und niemand bekommt etwas. Es darf nicht miteinander gesprochen werden und es kann nur ein Angebot und die Antwort Ja oder Nein geben. In der Regel lehnen die Studierenden ein Angebot von nur fünf Euro entrüstet ab. Bei zehn bis zwanzig Euro greifen sie zähneknirschend zu. Dabei wäre es aus Sicht der BWL durchaus sinnvoll, auch fünf Euro zu nehmen, da die Studierenden vorher nichts hatten. Sie können, ökonomisch gesehen, eigentlich nur gewinnen. Trotzdem spielt auf einmal Fairness eine Rolle. Ein Thema, das wir immer wieder aufgreifen.

Na, biste schon Millionär?

Mit den Studierenden diskutiere ich anschließend anhand von Video-Interviews mit Uwe die Frage, ob er erfolgreich ist oder nicht. Nachdem die Studierenden sich zunächst und fast impulsiv dafür entscheiden, dass er erfolgreich ist, beginnt doch ein leiser Zweifel daran zu keimen, »ob man mit dem Geld denn wohl auskommen kann?«. Diese Frage bietet den Startpunkt für Motivation und Bedürfnisse und die Frage nach Neid (Haubl 2001, Mandeville 1729). Es stellt sich uns also die Frage, wie viel Geld wir benötigen um (vermutlich) glücklich zu werden, was wiederum auch Auswirkungen auf unser Verhalten in der Wirtschaft haben kann.

Premium sehe ich dabei als einen Pol auf einer Skala, an deren anderen Ende extrem gewinnorientierte Unternehmen stehen.

Als Beispiel bietet sich hier eine Diskussion um Sanifair an, die es aus meiner Sicht (und vermutlich vor allem aus Sicht des Unternehmens) hervorragend geschafft haben, mit einem Grundbedürfnis des Menschen Geld zu verdienen. Ohne an dieser Stelle ins Detail gehen zu können ist im Anschluss an die Diskussion die Welt aus Sicht der Studierenden relativ klar in »Gut« und »Böse« aufgeteilt, was natürlich eine gefährliche Vereinfachung ist.

Dennoch ist es mir wichtig, dass Studierende sich auf der Skala selbst verorten. Sie können die Millionen auf dem Konto anstreben, wenn sie das wollen – sollen aber immer bewusst auch eine andere Perspektive einnehmen und die Konsequenzen ihres eigenen Handelns auf ihr Umfeld reflektieren.

In den folgenden Wochen geht es um potenzielle Investitionschancen des Marihuana-Anbaus in den USA, die Produktion von Daunenjacken mit Pelz und Ultra Fast Fashion. Um die Optimierung der Lagerhaltung und die ideale Rechtsform, um Schaden vom Unternehmen abzuwenden. Jedes Mal wird im Anschluss an die klassischen Konzepte (Haftung durch die optimale Rechtsform minimieren) Uwes Perspektive miteinbezogen, die meist konträr ist (Antimengenrabatt), aber spätestens auf den zweiten Blick eine unbestechliche Logik und Klarheit innehat, die mich persönlich oft an die Haltung von Menschen erinnert, die sagen: »Das gehört sich so.« Eine Grundhaltung, die eine Gleichwürdigkeit erzeugt, die meiner persönlichen Meinung nach aktuell recht selten geworden ist. Vielen geht es eher darum, ihren individuellen Profit zu optimieren.

Das Semester endet mit dem Thema Ethik und Strategie – und einem Geschenk, oder einem unmoralischen Angebot. Je nachdem, welche Perspektive die Studierenden einnehmen.

Unmoralische Angebote

Im Laufe des Semesters mache ich den Studierenden zwei Angebote, die alle Unsicherheit erzeugen und unmittelbar mit den Fragen von Kollektivismus und Kapitalismus zusammenhängen: die *Candy-Box*-Übung. Die *Candy-Box*-Übung basiert auf der Kunstinstallation »Milky Way« von Hans-Peter Feldmann (2013).[2] Feldmann hat eine Schachtel mit Milky-Way-Schokoriegeln aufgestellt und verführt den Betrachter dazu, in einem unbeobachteten Moment zuzugreifen und sich etwas aus der Kiste zu nehmen. So eine *Candy Box* stelle ich auch für die Studierende auf, nur dass sie sich keine Schokoriegel nehmen können, sondern Punkte für die Klausur. In einem späteren Stadium der Intervention können sie dann entscheiden, ob sie die Punkte, die sie sich genommen haben, behalten oder ob sie sie zurückgeben, um sie anderen zu schenken.

Die Studierenden müssen diese Entscheidungen unter Zeitdruck treffen. Sie können sich selbst anonym Punkte nehmen, die dann in der Klausur anerkannt werden. Je nach Variante können dies fünfzig, zwanzig oder zehn Punkte sein. Woher die Punkte kommen, wird von den Studierenden fast nie hinterfragt. Sobald es etwas gibt, wird es genommen. Ebenso gibt es aber auch die Möglichkeit, keine Punkte zu nehmen. Nachdem die Studierenden die Entscheidung getroffen haben, entstehen zahlreiche Konflikte, die dann zur Reflexion genutzt werden:

War die individuelle Entscheidung ethisch richtig? Darf »man« das? Hier wird zur Mission der HTW verknüpft: Unterstützen die Studierenden die Mission oder nicht? Hat unser (!) Verhalten gegebenenfalls sogar einen negativen Einfluss?

---

[2] Für eine Besprechung der Ausstellung siehe Monopol 2013.

Wie soll mit denjenigen umgegangen werden, die gerade nicht in der Vorlesung waren und die Punkte nicht nehmen konnten?

Bei der Variante mit fünfzig Punkten wird eine zusätzliche Bedingung formuliert: Wenn mehr als zwei Personen fünfzig Punkte nehmen, dann bekommt niemand etwas.

Oft schämen sich die Studierenden[3], dass sie wie im Rausch die Punkte genommen haben und ihren Mitstudierenden, die nicht da waren, keine Information gegeben haben, dass das »window of opportunity« gerade offen ist. Es wird dann rationalisiert, warum diese die Punkte auch nicht verdient haben, was zur Diskussion über den Umgang derjenigen mit Besitz (»the Haves«[4]) gegenüber denjenigen ohne Besitz (»the Have-Nots«) führt. Zahlreiche Studierende argumentieren hier aus einer (irrationalen) Position der wahrgenommenen moralischen Überlegenheit (vgl. Tappin und McKay 2017) und rechtfertigen so auch potenziell den Regelbruch (vgl. Iyer et al. 2012).

Eine weitere Dynamik entsteht dann, wenn sich genau zwei Personen fünfzig Punkte nehmen und der Rest nicht. Diese beiden werden dann innerhalb der Gruppe als »gierig« dargestellt, während sich diejenigen, die sich zwanzig Punkte genommen haben, selbst nicht als gierig sehen. Ebenso wird den beiden vorgeworfen, dass sie die Punkte der anderen »riskiert« haben. Dabei kann es rein ökonomisch durchaus Sinn machen, dieses Risiko einzugehen, da es ja keinen Verlust geben kann (weniger als null Punkte).

Natürlich können durch diese Dynamiken zahlreiche Konflikte entstehen. Meine Aufgabe ist es, diese zu moderieren und mit den Studierenden zu besprechen. Ziel ist es immer, das eigene

---

[3] Scham und Schuld kann in dieser Intervention als milde Form der »Survivor's Guilt« gesehen werden. Siehe hierzu Griffioen 2014.

[4] Siehe zur »Trinity of Classes« Saul D. Alinsky 1971.

Verhalten sowie das der anderen zu reflektieren, ohne es reflexhaft zu bewerten.

Eine Möglichkeit, den individuellen Druck zu verringern, der innerhalb der Diskussion entsteht, wenn den Studierenden klar wird, was sie unbedacht getan haben, ist es, zu einer Art Sicherungskopie zurückzugehen. Wir reisen in der Zeit zurück und tun so, als wäre nichts geschehen. Die Studierenden gewinnen so die Möglichkeit, die eigenen Entscheidungen wieder ungeschehen zu machen, indem ich folgendes Angebot mache: Sie können alle Punkte freiwillig zurückgeben. Ich darf sie ihnen jedoch nicht wegnehmen. Ihr Besitzstand wird gewahrt. Die zurückgegebenen Punkte kommen in einen Pool und werden auf alle im Kurs eingeschriebenen Studierenden gleichmäßig verteilt.[5]

Die Studierenden haben dann folgende Möglichkeiten: Sie können

— alle Punkte zurückgeben und keine bekommen (= 0 Punkte, Minimalforderung)
— alle Punkte zurückgeben und Punkte aus dem Pool bekommen (= Mittelwert aller zurückgegebenen Punkte). Alle haben also das Gleiche.
— die Punkte, die sie sich genommen haben, behalten und keine aus dem Pool nehmen (= 10–50 Punkte)
— Die Punkte, die sie sich genommen haben, behalten *und* Punkte aus dem Pool nehmen (= 10–50 Punkte + Mittelwert aller zurückgegebenen Punkte, Maximalforderung)

---

[5] Was zu zahlreichen Diskussionen führt, da das eigene Stück vom Kuchen gefühlt (und auch realistischer Weise) immer kleiner wird.

Mehrere Spieler im Markt

Eine zusätzliche Komplexität wird aufgebaut, wenn vorher eine Variante des Gefangenendilemmas genutzt wird, um die Übung einzuleiten und die Frage gestellt wird, ob Gruppe A Gruppe B zwanzig Punkte schenken will und umgekehrt.[6]

Gibt nur eine Gruppe der anderen die zwanzig Punkte und die andere Gruppe umgekehrt nicht, so bekommt diejenige Gruppe, die sich verweigert, vierzig Punkte. Verweigern beide, dann bekommen beide Gruppen null Punkte.

Bejahen beide Gruppen, dann bekommen die Individuen beider Gruppen je zwanzig Punkte. Die Entscheidung muss einstimmig getroffen werden, was den Koordinationsaufwand in der Gruppe erhöht. Auf Wunsch sind aber Enthaltungen möglich, um die Studierenden nicht zu einer Teilnahme zu zwingen. Sie können also ›wegsehen‹ und so tun, als wären sie nicht Teil des Prozesses, indem sie sich nicht beteiligen, aber das Vorgehen durch Schweigen tolerieren und damit in der Gruppe sozial legitimieren. Gleichzeitig kann die Nicht-Beteiligung wichtig sein, um später vor der anderen Gruppe sagen zu können, dass »man« nicht Teil der Abstimmung gewesen sei, und so die Möglichkeit hat, potenzielle Konflikte zu vermeiden.

Bei der Abstimmung werden aber nur diejenigen berücksichtigt, die im Moment dabei sind. Ist ein Student bei der Abstimmung nicht anwesend, kann er oder sie keine Punkte bekommen. Dies führt dazu, dass manche Studierende Punkte bekommen, während andere leer ausgehen. Dieses Problem ist wiederum der Einstieg in die oben beschriebenen vier Entscheidungsmöglichkeiten, wo ich den Studierenden anbiete, Punkte zurückzugeben und neu zu verteilen.

---

[6] Diese Variante funktioniert nur bei mindestens zwei Gruppen.

Durch die Einstimmigkeit in allen Varianten wird eine Umkehr der Macht erreicht. Minderheiten, die in üblichen demokratischen Prozessen oft durch die Mehrheit überstimmt werden, haben auf einmal die Macht, alles zu verändern. Dies ermöglicht eine Diskussion über Inklusion und Kultur in der Gruppe. Wurde jemand in der Gruppe von der Gruppe schlecht behandelt, so ist jetzt »payback time«.

Die Interventionen sind oft mit starken Emotionen verbunden. Studierende springen auf, gestikulieren und schreien vor Frust. Um diesen Frustrationen ein Ventil zu bieten, hat jeder einzelne Studierende die Möglichkeit, sich im Anschluss zu beschweren. Das bedeutet, dass er oder sie im Nachgang der Entscheidung, gleich welchen Ausgangs, die Möglichkeit hat, ein Veto einzulegen, indem eine formlose Mail an mich geschrieben wird. Erhalte ich eine Mail, wird die Entscheidung der Gruppe für nichtig erklärt und alle Punkte werden aberkannt. Wichtig ist, dass dieser Einspruch und auch alle anderen Entscheidungen anonym bleiben. Nur die Studierenden, die sich vor der Gruppe äußern, werden dort als Personen sichtbar.

Wie die Ergebnisse aussehen, möchte ich an dieser Stelle offenlassen, da jede Wahl letztendlich eine sehr persönliche Entscheidung darstellt, die eng mit eigenen Werten verknüpft ist. Dennoch gehen mir nach Jahren der Übungen immer wieder zwei Gedanken durch den Kopf: 1. Houston, wir sind am Arsch. 2. Gut, dass es Uwe gibt.

Weiterführende Links und Literatur

Ein Video zur *Candy-Box*-Übung: https://youtu.be/bEYRJL6lPW8
Ein Video zur 49-Punkte-Übung: https://youtu.be/K4xxeOma7v0

Link zu einer thematisch relevanten Fallstudie und der dazu passenden Teaching Note (unter anderem für Lehrende von Interesse): http://casecent.re/p/170101

Hier werden in der Teaching Note noch einmal einige relevante Theorien aufgelistet: http://casecent.re/p/170102

Ein Artikel zu erfahrungsbasierter Lehre, gemeinsam verfasst von einem Kollegen und mir: https://link.springer.com/chapter/10.1007/978-3-658-19127-6_14

Und ein Artikel zum Thema Lehre in Hochschulen: https://www.researchgate.net/publication/335928526_NEGOTIATING_BOUNDARIES_A_brief_reflection_on_a_power-and_discipline-_focused_intervention_in_a_hierarchical_public_sector_organization

Alinksy, Saul D.: *Rules for radicals: A Practical Primer for Realistic Radicals*. New York 1971, https://doi.org/10.1109/CCDC.2012.6244032.

Feldmann, Hans-Peter: *Milky Way*. In: *One on One* (Ausstellung vom 18. November 2012 bis 20. Januar 2013). Berlin: KW Institute for Contemporary Art (kuratiert von Susanne Pfeffer).

Griffioen, Amber L.: »Regaining the ›Lost Self‹: A Philosophical Analysis of Survivor's Guilt«. In: Alexander Gerner und Jorge Gonçalves (Hg.): *Altered Self and Altered Self-Experience*, S. 43–57. Norderstedt 2014.

Haubl, Rolf: *Neidisch sind immer nur die anderen. Über die Unfähigkeit, zufrieden zu sein.* München 2001.

Iyer, Aarti, Jolanda Jetten und S. Alexander Haslam: »Sugaring o'er the devil: Moral superiority and group identification help individuals downplay the implications of ingroup rule-breaking«. In: *European Journal of Social Psychology*, 42(2), 2011, S. 141–149, https://doi.org/10.1002/ejsp.864.

Mandeville, Bernard: *The Fable of the Bees: Or, Private Vices, Publick Benefits* (Bd. 2). Oxford 1729.

Monopol: »Milky Way und Michel Foucault. Die Ausstellung ›One on One‹ in Berlin.« In: *Monopol. Magazin für Kunst und Leben*, 10. Januar 2013, https://www.monopol-magazin.de/milky-way-und-michel-foucault, letzter Zugriff: 1. April 2021.

Tappin, Ben M. und Ryan T. McKay: »The Illusion of Moral Superiority«. In: *Social Psychological and Personality Science*, 8(6), 2016, S. 623–631. https://doi.org/10.1177/1948550616673878.

Young, Michael: *The Rise of the Meritocracy*. Piscataway Township 1994.

Der verdeckte Lehrplan in der BWL

Martin Parker
Professor für Organisation Studies, University of Bristol
martin.parker@bristol.ac.uk

Schreibt man sich an einer von 13.000 Business Schools weltweit ein, wird man dort über Organisationen und das Organisieren unterrichtet. Anders gesagt: Man wird dort unterrichtet über die vielfältigen Möglichkeiten, wie Menschen und Nicht-Menschen zusammengebracht werden können, um Erfahrungen zu machen, neue Dinge und Ideen oder anderes herzustellen und all dies untereinander auszutauschen. So weit, so gut – es ist genau das, was diese Institutionen tun sollten. Das Problem liegt darin, dass die Beispiele, auf die man in den wirtschaftswissenschaftlichen Fakultäten zurückgreift, tatsächlich sehr begrenzt sind und sich in der Regel nur auf Unternehmen erstrecken, beispielsweise auf marktorientierte Teile des Staates oder auf kleinere Unternehmen, aber fast nie auf »alternative« Organisationen. Das ist ein gefährlicher Ist-Zustand und muss sich ändern.

Es ist ein Problem, wenn Studierenden beigebracht wird, dass es nur ganz bestimmte Wege gibt, wie wir über die Tätigkeit des Organisierens nachdenken sollten. Dass erstens jede Organisation einen Kader von »Managern« braucht, um zu funktionieren; dass zweitens die Aufgabe des Managers oder der Managerin darin besteht, Shareholder-Value zu generieren oder die wirtschaftliche Effizienz zu maximieren; und dass drittens Organisationen zu diesem Zweck wachsen müssen. Das bedeutet, dass Business Schools Menschen tendenziell dazu ermutigen, über Wert in Form von Geld und über Erfolg in Form von mehr Geld nachzudenken, und dass sie davon ausgehen, dass normale Menschen nicht in der Lange sind, sich selbst zu organisieren.

Die meisten wirtschaftswissenschaftlichen Fakultäten haben einen »verdeckten Lehrplan« (*hidden curriculum*), ein Konzept, das ursprünglich aus den 1960er Jahren stammt und den Vorgang beschreibt, in dem Frauen und ethnische Minderheiten selbst unsichtbar wurden, wenn im Rahmen der Lehre über große Wissenschaftler, kulturelle Produktion, Regierung und Staat gesprochen wurde. Die Agenda des Lehrplans war wirkungsvoll vor allem aufgrund seiner unausgesprochenen Botschaft – Menschen, die so aussehen wie Sie, sind nicht wichtig. Mit vergleichbarer Wirkung werden in wirtschaftswissenschaftlichen Fakultäten all diejenigen Organisationsformen ignoriert, die nicht wie Konzerne aussehen, die kein Wachstum voraussetzen oder die von den Menschen, die in ihnen arbeiten, gemanagt werden. Sie bleiben unsichtbar und die Botschaft ist, dass sie nicht wirklich wichtig sind.

Man stelle sich die zoologische Fakultät einer Universität vor, an der ausschließlich über Lebewesen gelehrt wird, die auf dem Land leben, nicht aber über die in der Luft oder im Meer. Oder ein geografisches Institut, das Südamerika und Afrika links liegen lässt. Ich gehe davon aus, wir würden in diesen Fällen vermuten, dass hier Voreingenommenheit am Werk sein müsse, dass ein absichtlicher Ausschluss vorliege, der die Erfahrung der Studierenden schmälert und uns misstrauisch gegenüber den Motivationen der Lehrenden und Forschenden machen würde. Stellen Sie sich nun eine wirtschaftswissenschaftliche Fakultät vor, in der nichts über Genossenschaften auf dem Lehrplan steht, nichts über Arbeitereigentums- und Mitbestimmungsmodelle, auch nichts über Unternehmen in gesellschaftlichem Eigentum, über soziale und solidarische Ökonomie, lokale Tauschringe, Genossenschaftsbanken, Privat-Finanzierungsmodelle wie Crowdfunding, Impact Investment (wirkungsorientiertes Investieren), über die regionale Ausgestaltung von Lieferketten, Gemeinwohlökonomie und vieles andere mehr. Das alles steht auf dem verdeckten Lehrplan der wirtschaftswissenschaftlichen Fakultäten: Alternativen, die darauf abzielen, eine kohlenstofffreie, demokratische und auf maximale Integration ausgerichtete Wirtschaft zu schaffen.

Ebendas ist der Grund, warum wir Geschichten wie die von Uwe Lübbermann und Premium Cola brauchen, und wir brauchen viele davon, um die Business School zu hacken. Weil sie den Studierenden – wie auch ihren Lehrerinnen und Lehrern – zeigen, dass etliche der Annahmen, von denen sie ausgehen, keine Gesetze oder Regeln sind, sondern gebogen, gebrochen oder einfach ignoriert werden können. Organisationen können dezentralisiert und demokratisch sein, Open Source, auf ihre Kund- und Arbeiterschaft eingehen und trotzdem genug Geld verdienen, um den Leuten einen anständigen Lohn zu zahlen. Uwe und sein Kollektiv erzählen uns eine großartige Geschichte – und wir brauchen diese Geschichten heute wahrlich mehr denn je.

Für den Fall, dass es tatsächlich niemand bemerkt haben sollte: Wir stehen vor einer artenbedrohenden Krise. Da Kohlenstoff im Rahmen der Wirtschaft emittiert wird – sei es bei der Fortbewegung von Schiffscontainern, der industriellen Lebensmittelproduktion oder der Verpackung für Supermärkte –, müssen wir die Lehre in der Betriebswirtschaftslehre radikal reformieren. In Hinblick auf die Frage, wie wir uns organisieren, müssen wir experimentelle Ansätze fördern. Die derzeit vorherrschenden Annahmen sorgen für diejenigen Probleme, denen wir uns gegenüber sehen, und es wäre töricht, zu glauben, dass mehr vom Gleichen eine vernünftige Antwort auf Letztere darstellte. Das beliebteste Fach an deutschen Universitäten ist die Betriebswirtschaftslehre, und das aufgeblähte britische Universitätssystem wird von Studierenden über Wasser gehalten, die gegen Studiengebühren der Premium-Klasse Wirtschaftsfächer auf Englisch studieren. Wenn diese riesige Anzahl von Studierenden über Premium Cola unterrichtet würde und nicht über die Marketingstrategie irgendeines globalen Megakonzerns, wäre das tatsächlich etwas sehr Sinnvolles.

Seit einiger Zeit plädiere ich dafür, dass wir die Business Schools abreißen und durch »Schulen des Organisierens« (*schools for organizing*) ersetzen sollten (Parker 2018). Der Lehrplan dieser neuen Schulen würde auf der Idee der Vielfalt, der Differenz, der Diversität, des Pluralismus beruhen. In derselben Weise, wie wir die zahlreichen Strategien von Tieren und Pflanzen bewundern könnten, mit denen sie den Herausforderungen der Umwelt begegnen, sollten wir auf dem Feld des Organisierens nach entsprechenden Prinzipien suchen. Statt Frederick Taylors »one best way« oder der angloamerikanischen Variante des Kapitalismus sind abwechslungsreiche und vielfältige Antworten gefragt, die von Geschichte und Gegenwart gleichermaßen geprägt sind und Organisationen dazu ermutigen, auf Mensch und Planet in einer Weise zu reagieren, die beide Seiten erhält.

Die »Schule des Organisierens« würde über die Mafia lehren, über Produktionskooperativen und gemeindeeigene Bauernhöfe ebenso wie über fantastische utopische Entwürfe für Gartenstädte und Theorien aus Marxismus, Anarchismus und Feminismus, die uns zeigen, dass Organisation auf Dauer gestellte Politik ist (Parker u. a. 2007). Uwe und sein Kollektiv liefern mit ihrem Hacker-Kommunitarismus und ihrem subversiven Wunsch, die Unlogik der Logistik aufzuzeigen, ein fantastisches Beispiel dafür, wie Wirtschaft anders gemacht werden kann. Und wenn wir von diesen Beispielen lernen können, wenn wir eine »experimentelle« Herangehensweise an das Organisieren lehren können, dann haben wir vielleicht eine Chance, die sozialen und ökologischen

Turbulenzen für das Leben auf einem zunehmend belebten Planeten zu minimieren.

Literatur

Parker, Martin: *Shut Down the Business School.* London 2018.

Parker, Martin, Valerie Fournier und Patrick Reedy: *The Dictionary of Alternatives: Utopianism and Organization.* London 2007.

Premium-Lehre/n

Claudia Brözel
Lehrstuhlinhaberin für Tourismus-Ökonomie und Tourismus-Marketing, Hochschule für Nachhaltige Entwicklung Eberswalde

Ich habe Uwe Lübbermann 2012 im Rahmen einer Einladung von Günther Faltin zu seinen »Best Practices« der Stiftung Entrepreneurship in Berlin kennengelernt. Ich hatte gerade die Professur für Tourismus-Ökonomie und Tourismus-Marketing an der Hochschule Eberswalde übernommen und mich interessierte, wen Günther Faltin darüber hinaus noch als Speaker eingeladen hatte. Uwe war der Einzige, der wirklich etwas zu erzählen hatte. Das sah auch meine Freundin so, mit der ich nach seinem Vortrag draußen stand. Uwe kam auf uns zu und fragte uns nach dem Weg zum Bahnhof. Da wollten auch wir hin und so machten wir uns gemeinsam auf den Weg. Wir fanden uns gleich sympathisch, tauschten unsere Nummern und aus und arbeiten seither zusammen. Uwe kommt zum Beispiel seither fast jedes Semester zu uns an die HNEE in eine Vorlesung, um mit den Studentinnen zu sprechen, oder er schickt einen Mitkollektivisten.

Das WG-Beispiel, mit dem Uwe in seinen Vorträgen und Workshops arbeitet, haben wir gemeinsam entwickelt – natürlich auch im Austausch mit den Studentinnen. Denn mit reiner Theorie kann man heute niemanden mehr erreichen. Es braucht Bilder, Geschichten und Spiele, um die Menschen aktiv einzubeziehen, man braucht Erlebnisse. Deshalb benutze ich die in meiner Arbeit, so oft es geht. Dabei kann die Arbeit mit Studierenden helfen, das Erlebnis zu verbessern. Beim WG-Spiel haben wir zum Beispiel gelernt, dass es nicht nur darum geht, das Spiel richtig zu planen, sondern überhaupt erstmal eine Situation zu schaffen, in der die Studentinnen offen miteinander reden können. Denn am Anfang werden die schwächsten Diskussionsteilnehmerinnen an den Rand gedrängt oder überstimmt (im Sinne einer Mehrheitsentscheidung) Wer nicht perfekt Deutsch spricht, schüchtern ist oder weniger robust, wird überstimmt, auch dann, wenn gute Argumente vorhanden sind. Diese versteckten Hierarchien und Blockaden müssen erst durchbrochen werden, bevor gemeinsam die beste Lösung gefunden werden kann.

So war es auch bei einem DAAD-Projekt, für das ich mit Studentinnen nach Palästina gereist bin. Zwanzig wollten mit, ich hatte aber nur fünfzehn Plätze. Ich habe meinen Studentinnen die Aufgabe gestellt, das Problem zusammen zu lösen, im Konsens. Wer fährt mit? Wer bleibt da? Das sollten sie gemeinsam aushandeln. Das Ergebnis waren zunächst Wut und Tränen. Immer wieder baten die Studentinnen mich, die Entscheidung zu treffen. Die, die mitfahren dürften, wollten für die Frustration der anderen nicht verantwortlich sein, und die anderen wollten auf mich schimpfen können. »Die blöde Brözel!«

So leicht habe ich ihnen das aber nicht gemacht. Wir haben uns zusammengesetzt und diskutiert. Ergebnislos. Die Sache war festgefahren, weil keine von ihrem Anspruch zurücktreten wollte. Bis genau eine das tat. Eine Studentin, sie arbeitete bereits länger als Studienreisebegleiterin, sagte, sie wolle gerne zugunsten ihrer Kommilitonin auf die Reise verzichten, immerhin sei sie schon fast überall gewesen, ihre Kommilitonin aber hätte Deutschland noch nie verlassen und das müsse dringend geändert werden. Das war der Durchbruch. Schließlich bewegten sich auch andere und waren bereit, auf ihren Platz zu verzichten, damit andere fahren können. Das war am Ende aber gar nicht immer nötig. Wir konnten unser Budget so umlegen, dass achtzehn Studentinnen mitfahren konnten.

Eine Frage, die ich mir zusammen mit Uwe zuletzt immer wieder gestellt habe, ist die, inwieweit sich Premium weiterentwickeln muss, um bestehen zu bleiben und zu verhindern, dass sich Uwe (als »wohlmeinender Diktator«, wie er sich früher oft bezeichnet hat) finanziell oder psychisch ruiniert? Denn bisher funktioniert das Kollektiv vor allem deshalb, weil er für sehr wenig Geld sehr viel arbeitet. So haben das ihm einmal meine Studentinnen gesagt und damit hatten sie recht.

Uwe hat dem ein Stück weit zugestimmt, aber auch darauf hingewiesen, dass das nicht dauerhaft so bleiben soll. Das Problem ist nur, dass zu viele Arbeiten liegen bleiben, weil sie niemand freiwillig übernimmt oder dass sich Kollektivistinnen bestimmte Aufgaben herauspicken, dann aber nicht erledigen, weil es keine Deadline und keine direkte Kontrolle gibt. Hier zeigen sich die Herausforderungen der hierarchiefreien Organisation. Niemand verteilt und kontrolliert die Arbeit. Als meine Studentinnen das monierten, schlug Uwe ihnen vor, doch ein Praktikum bei ihm zu machen und einfach die ganzen ausstehenden Aufgaben, die sie ja richtig identifiziert hätten, zu erledigen. Leider wurde das auch von niemandem aufgegriffen. Außerdem verlasse er die offene Struktur, in der sich jede ihre Aufgaben aussuchen könne, wenn er nun diese oder jene engagiere, um genau dieses oder jenes zu tun, sagten sie. Auch das stimmte natürlich.

Dem anderen Teil der Kritik, das Unternehmen sei nicht besonders erfolgreich, weil es wenig Geld verdiene oder seine guten Erfolge im Hinblick auf nachhaltiges Wirtschaften mit geringen Überschüssen teuer bezahlen müsse, konnte Uwe jedoch entgegenhalten, dass unsere Rechnung schlicht falsch sei. Was Uwe als Gewinn definiert, ist etwas ganz anderes als das, was die Betriebswirtschaftslehre darunter versteht. Dass die Kollektivistinnen arbeiten könnten, wann sie wollten, dass es keine Rechtsstreitigkeiten gäbe, dass alle gleichwürdig zusammenarbeiten und jede den gleichen Lohn erhalte – und zwar in einer Höhe, dass sie davon leben könne –, sei nicht etwas, das mit dem monetären Gewinn gegengerechnet werden müsse, sondern das sei auch Gewinn, nur eben in einer anderen Währung. Wer Gewinn nur in Geld bemesse, habe einen undifferenzierten Begriff davon.

Andere Fragen, auf die ich zusammen mit Uwe immer wieder zurückkomme, beziehen sich auf das Marketing. Uwe ist ja der Meinung, das Premium-Kollektiv würde kein Marketing betreiben, weil sie keine Werbung schalten und keine Wände plakatieren. Ich sehe das anders. Ein Unternehmen (niemand – wie Watzlawik meint) kann nicht nicht-kommunizieren. Auch der Verzicht auf die gängigen Marketinginstrumente ist ein Marketinginstrument, nur eben eines, das vielleicht eher in den Bereich des nachhaltigen Marketings gehört als zum klassischen Repertoire der Vermarktung. Gerade hier ist Premium jedoch sehr aktiv und hat einen klaren Markenkern. Weltverbesserung, die man trinken kann. Mit Uwe als Key Visual. Strumpfsockig und im Hoodie. Auch die Vorträge, die er an den Unis hält, die Interviews, die er und seine Mitkollektivistinnen geben, die Geschichten, die sie erzählen, das alles gehört zum Marketing. Nur ist das Produkt eben nicht die Cola, sondern das Betriebssystem, die Art, zu wirtschaften und miteinander umzugehen. Guerilla-Marketing. Wirtschaft Hacken. Das funktioniert so gut, weil die Geschichte so gut ist, die Uwe erzählt.

An vielen Stellen, die jedes traditionelle Unternehmen besser macht, hapert es aber immer noch. Eine Studentin wies nach einem Vortrag von Uwes Mitkollektivisten einmal darauf hin, dass sein Vortrag wirklich begeisternd gewesen sei. Wenn sie Premium Cola jetzt aber kaufen wolle, wüsste sie gar nicht, wo sie die bekäme. Der Mitkollektivist antwortete ihr auf die übliche Weise.

Sie müsse einen Probierpack bestellen, zum Getränkehändler ihres Vertrauens gehen, dem das Produkt vorstellen usw., der ganze Rattenschwanz. Die Konsumentin muss erst einmal selbst Vertriebsmitarbeit leisten, bevor sie konsumieren kann. Das war ihr viel zu aufwendig. Wenn das so sei, meinte der Mitkollektivist, gehöre sie eben nicht zur Zielgruppe. Ich finde, hier verschenkt Premium eine Menge Energie und Vertrauen. Es wollen womöglich mehr Menschen Cola trinken und damit die Welt verbessern als die Welt verbessern und sich dabei noch drum zu kümmern, wie eine Cola in den Vertrieb kommt.

Werte in Strukturen einbetten

Anke Turner
Professorin für Internationales Management,
Hochschule Fresenius, Idstein

Gemeinwohlökonomie ist ein Schwerpunkt meiner Forschung und ich versuche, verschiedene Erkenntnisse daraus auch in meine betriebswirtschaftliche Lehre einzubinden. In diesem Zusammenhang kommt Uwe ein- bis zweimal im Jahr in meine Vorlesung, um seine Arbeit vorzustellen. Die Studentinnen sollen nicht nur die klassische Lehre mitbekommen und sehen, dass ein Unternehmer auch andere Ziele verfolgen kann, als möglichst viel Geld zu verdienen. Das ist zwar für die meisten Studentinnen an unserer privaten Wirtschafts-Hochschule ein vorrangiges Ziel, die aktuelle Forschung deutet jedoch darauf hin, dass wir als Menschheit (bisher!) vor allem deshalb so erfolgreich waren, weil wir kooperiert haben. Fairness kann ein zentrales Motiv sein, auch in der Steuerung unseres ökonomischen Verhaltens, wie etwa die Arbeiten von Ernst Fehr und Peter Turchin zeigen, und das möchte ich meinen Studentinnen nicht vorenthalten.

In der BWL stellt sich damit jedoch die Frage, wie ein Unternehmen organisiert werden kann, damit sich ethische Werte wie Fairness in seiner Struktur widerspiegeln. Wir brauchen alternative Konzepte. Ich glaube, dass das Premium-Kollektiv hier ein sehr gutes Beispiel gibt, denn das Ideal der Gleichwürdigkeit prägt die Organisation des Unternehmens und des Wirtschaftens.

Das zeigt sich zum Beispiel an der Art und Weise, wie alle Beteiligten in die Prozesse und Entscheidungen miteinbezogen werden. Viele Unternehmen berücksichtigen ihre Stakeholder nur insofern, als sie ständig abwägen, wie ihre Verhandlungsmacht ist. Wen müssen sie in ihre Entscheidungen miteinbeziehen, weil ihr Einfluss groß ist, und wen können sie links liegen lassen, weil ihr Einfluss gering ist. Das macht Premium anders. Das Kollektiv bezieht alle mit ein, egal wie einflussreich sie sind, weil es davon ausgeht, dass alle Stakeholder gleichwürdig sind. Während andere Unternehmen ihre Stakeholder nur da einbinden, wo es ihnen nützlich erscheint oder sie es im Rahmen gesetzlicher Regelungen müssen, ist das Betriebssystem von Premium so gestaltet, dass es gar keine Möglichkeit gibt, die Mitbetroffenen nicht mit einzubeziehen.

Allerdings verlangt die ethische Orientierung des Unternehmens auch ein Umdenken in den Unternehmenszielen. Wenn es nur darum geht, mit dem Unternehmen möglichst viel Geld zu verdienen, geht das möglicherweise auf Kosten von sozialen und ökologischen Aspekten des Wirtschaftens. Die Berücksichtigung dieser Aspekte muss dann durch entsprechende Gesetzesänderungen erzwungen werden. Es braucht also auch ein Umdenken in der Gesellschaft. Wir müssen aufhören, unsere Wertschätzung und Leistung allein an der Summe des Geldes zu bemessen, das wir verdienen und auch andere Maßstäbe finden, an denen wir uns und unser Wirtschaften orientieren. Dafür braucht es Vorbilder und dazu gehört für mich das Premium Kollektiv.

Einer dieser anderen Aspekte kann auch die Krisenfestigkeit sein und ich finde es bemerkenswert, wie das Premium-Kollektiv mit Unsicherheiten umgeht. Der Umgang mit Unsicherheit und Krisen ist geprägt von Einstellung und Verhalten der Mitarbeit in einer bestimmten Organisationskultur, die sich durch Organisationspraktiken manifestiert. Das Premium-Kollektiv hat mit dem gemeinsam geteilten Wert der Gleichwürdigkeit und seinem dazu passenden hierarchiefreien, konsensdemokratischen Betriebssystem eine Möglichkeit gefunden, sich jederzeit so zu re-organisieren, dass Unsicherheiten und Krisen gut überstanden werden können. Es ist krisenfest – und das ist für jedes Unternehmen eine besondere Auszeichnung.

Ein flexibler Umgang mit Unsicherheit ist eine große organisatorische Herausforderung unserer Zeit. Die Antwort darauf sind möglicherweise Praktiken der Selbstorganisation. Das Betriebssystem von Premium ist da ein eigenständiges, funktionierendes, krisenresistentes und über fast zwei Dekaden erprobtes System der Selbstorganisation. Es reiht sich ein in eine Reihe alternativer Konzepte wie der vom Amerikaner Brian J. Robertson entwickelten Holokratie oder der vom Niederländer Kee Boeke entwickelten Soziokratie. Holokratie wird beim US-amerikanischen Online-Schuhhändler Zappo angewendet, dem deutschen Trinkflaschen-Produzenten Soulbottles, dem Lebensmittelhändler mymuesli.com oder der Umweltschutzorganisation Extinction Rebellion. Die Soziokratie ist vor allem bei niederländischen Firmen zu finden: dem Museumsdienstleister Reekx, dem Carsharing Anbieter Wheels4All oder Endenburg Elektrotechnik. Ein anderes in sich schlüssiges System der Selbstorganisation ist Scrum, das auf das Manifest für Agile Softwareentwicklung zurückgeht. Es ist meiner Meinung nach an der Zeit, dass das Betriebssystem von Premium als eigenständiges, im deutschen Kulturkreis entstandenes (Selbst-)Organisationssystem in der betriebswirtschaftlichen Forschung und Lehre mehr gewürdigt wird.

Demokratie und Partizipation in Unternehmen

Laura Marie Edinger-Schons
Professorin für Nachhaltiges Wirtschaften,
Universität Mannheim

Vor circa zehn Jahren besuchte ich einen Workshop zum Thema »Konsumentenverantwortung« und traf zum ersten Mal auf Uwe Lübbermann. Von seinem Vortrag war ich begeistert – denn er überraschte und berührte mich.

Im Rahmen meines Studiums und der Promotion habe ich einige Jahre in Indonesien gelebt. Dort habe ich viel gesehen, was mich nachdenklich gestimmt hat. Wie kann es zum Breispiel sein, dass unsere globalisierte Wirtschaft so negative Folgen für Mensch und Umwelt hat und dass Unternehmen dafür häufig keine Verantwortung übernehmen? Von Menschenrechtsverletzungen in Lieferketten bis zur Verschmutzung der Meere und Zerstörung von Regenwäldern – ich hatte das Gefühl, dass es für mich keine wichtigeren Themen als Nachhaltigkeit und verantwortungsvolles Wirtschaften geben konnte. Zurück in Deutschland entschied ich mich daher dafür, in der Wissenschaft zu bleiben und meinen Forschungsfokus auf das Thema der Unternehmensverantwortung zu legen. Wie können Unternehmen nachhaltig wirtschaften?

Genau diese Fragen hat auch Uwe sich gestellt, als er, wie er immer so schön erzählt, »aus Versehen eine Firma gegründet hat«. Wie Archimedes in der Badewanne, der »Heureka« ruft, stelle ich mir Uwe vor, der sich aus der Verärgerung über mangelnde Offenheit zum Dialog seiner Lieblings-Cola-Firma auf eine nunmehr fast zwanzig Jahre andauernde Versuchsreise zu alternativen Organisationsformen gemacht hat. Was Uwe in meinen Augen so besonders macht, ist, dass er wie wenig andere den Status quo hinterfragt. Ist es eigentlich ok, dass Manager teils ein Hundertfaches des Gehalts eines normalen Mitarbeiters einer Firma verdienen? Warum bekommen große Firmen einen Mengenrabatt, obwohl sie doch eigentlich sowieso schon Kostenvorteile haben? Warum braucht man eigentlich Verträge, wenn man Geschäftsbeziehungen doch auch auf gegenseitigem Vertrauen aufbauen kann? Warum müssen Kosten eigentlich ein Geheimnis sein? Ist es nicht unethisch, als Firma Gewinne zu erwirtschaften? Und wer mag eigentlich Werbung?

Gemeinsam mit den anderen Kollektivist*innen von Premium Cola hat Uwe über die Jahre hinweg einen »proof of concept« geliefert und gezeigt, dass Konsensdemokratie in einem Unternehmen nicht nur funktionieren, sondern auch für alle Beteiligten gewinnbringend sein kann. Gewinn meint dabei nicht den monetären Gewinn, sondern die vielen anderen Dimensionen von »Yeahs«, die Uwe in seiner Arbeit sieht. Dazu gehört die Freiheit, das tun zu können, was er möchte, sowie das Gefühl, eine positive Wirkung zu haben. Wenn man Uwe fragt, wie er das macht, sagt er häufig: »Ich spreche einfach mit allen und frage sie, was für sie die beste Lösung wäre.« Wenn man Uwes Vorträgen lauscht, fragt man sich, warum es nicht überall so einfach sein kann und warum wir nicht alle so denken und handeln.

Ich habe Uwe in den letzten fünf Jahren (seitdem ich unseren Lehrstuhl für nachhaltiges Wirtschaften in Mannheim aufgebaut habe) in jedem Semester zu mindestens einem Gastvortrag eingeladen. Seit einigen Jahren beschäftige ich mich auch selbst in meiner Forschung mit den Themen Demokratie und Partizipation in Unternehmen. Interessant ist, wie emotional einige Reaktionen auf dieses Thema sind. Spricht man in konservativ orientierten Kreisen über »Demokratie« im Kontext des Wirtschaftens, so erntet man nicht selten Spott oder sogar Beleidigungen. Auch nach meinen Vorlesungen, in denen Uwe zu Gast war, habe ich zwar viel Begeisterung, teils aber auch verstörte Reaktionen beobachtet. Uwes Art und Weise, die klassischen Management-Ansätze zu hinterfragen und neu zu denken, bewegen etwas in unseren Studierenden. Die Diskussionsrunden nach seinem Vortrag sind immer sehr lebendig und nach seinen Vorträgen höre ich oft Aussagen wie »Uwe hat meinen Blick auf Unternehmen grundlegend verändert«. Einige Male habe ich aber auch schon erlebt, dass Studierende sich durch Uwe in ihrer Art zu denken bedroht fühlten und zum Beispiel mit hochrotem Kopf riefen: »He is a communist – you can never invite him again. He is hypnotizing us. I am so confused!« Aber gerade das zeigt ja, wie wichtig es ist, über diese Themen zu sprechen und das zu hinterfragen, was wir in unseren BWL-Fakultäten lehren.

Auch wenn viele es noch nicht wahrhaben wollen, aber wir stehen an einem Punkt, an dem es um das Überleben der Menschheit auf unserem Planeten geht. Das schaffen wir nur, wenn wir an einem Strang ziehen und es schaffen, die diversen Bedürfnisse und Interessen aller betroffenen Akteure zu harmonisieren – einschließlich der »stillen Anspruchsgruppen« (zum Beispiel der Natur), die keine eigene Stimme in Abstimmungsprozessen haben. Wir erleben gleich mehrere Transformationen: beispielsweise die Nachhaltigkeitstransformation und die digitale Transformation. Die Covid-19-Pandemie hat uns hierbei sehr deutlich vor Augen geführt, wo die Schwachstellen in unseren Systemen liegen. Besonders wichtig bei der Gestaltung dieser Transformationsprozesse finde ich, dass die Bedürfnisse aller Menschen gleichermaßen berücksichtigt werden. Wir müssen verhindern, dass diejenigen, die sowieso schon benachteiligt sind, durch die aktuellen Entwicklungen noch schlechter gestellt werden. Leider ist während des ersten Corona-Jahres genau das passiert. Unser Handeln sollte durch das Prinzip geleitet werden, das dem Premium-Cola-Kollektiv zugrunde liegt: *Equal dignity for all.*

7

Das Beste aus zwei Welten

Wenn ich gefragt werde, wie sich meine Arbeit zu den gängigen Ideen des Wirtschaftens verhält, antworte ich oft, dass ich versuche, das Beste aus zwei Welten zu verbinden, das heißt aus der Welt der konventionellen Wirtschaft und aus der Welt der alternativen Wirtschaft. Was das bedeutet, zeigt beispielhaft ein Beratungsauftrag, den mir die Vereinigten Arabischen Emirate erteilt hatten, um ihnen bei der Neuorganisation einer Forschungseinrichtung zu helfen. Ich hatte damit einige Erfahrungen, weil ich nach dem Studium an der Universität Lüneburg einen Studiengang mitgeplant hatte und weil ich schon eine Reihe anderer Institutionen bei der Reorganisation unterstützt hatte – vor allem dann, wenn es darum ging, die Hindernisse abzubauen, die durch zu starke Hierarchien entstehen, Synergieeffekte zu stärken und die interne Kommunikation zu verbessern, an der oft vieles hängt. Das war auch hier der Fall. Die Emiratis hatten das Problem, dass viele Forscherinnen – tatsächlich betraf dies sehr oft Frauen – die staatliche Forschungseinrichtung verließen, sobald sie ausreichend Erfahrungen und Reputation gesammelt hatten, um woanders arbeiten zu können. Die Verantwortlichen wussten nicht, woran das lag, und ich sollte das in Workshops herausfinden. Dabei stieß ich im Institut auf eine autoritäre Führung, die ihre Aufträge aus der Regierung oder dem Königshaus erhielt und sie ebenso gebieterisch nach unten weiterreichte. Die Mitarbeiterinnen fühlten sich damit nicht nur unwohl, sondern auch in ihrer Arbeit behindert. Die strenge Personalführung führte dazu, dass die Zusammenarbeit bürokratisch, die Kommunikation umständlich und langwierig und das gemeinsame Finden von Lösungen eigentlich unmöglich waren. Jede puzzelte an ihrem kleinen Teil, das dann auf nächsthöherer Stelle mit anderen zusammengesetzt wurde und immer so weiter. Optimierungen oder freie Kooperationen waren unmöglich. Meiner Erfahrung nach wäre es gut gewesen, die Hierarchien aufzulösen und die Prozesse offener und demokratischer zu gestalten. Mir war aber klar, und das zeigten auch die Gespräche mit der Führungsriege, dass das nicht so schnell gehen würde, weil die leitenden Personen an ihrer Macht festhalten wollten und deshalb auf keinen Fall bereit sein würden, die Strukturen zu stürzen, die sie stützten.

Deshalb riet ich den Führungskräften und den Mitarbeitenden, die alten Strukturen zu behalten, aber möglichst selten zu benutzen – zumindest soweit das möglich war. Das heißt, ich riet ihnen, den Mitarbeiterinnen die Freiheit zu geben, ihre Arbeiten und Aufgaben so zu verteilen, wie es ihnen sinnvoll erschien, und sich immer wieder abzusprechen und auszutauschen. Sie sollten die Strukturen so demokratisch gestalten wie möglich und nur dann, wenn es auf diese Art und Weise nicht weiterginge, auf die alten Hierarchien zurückgreifen. So ähnlich machen wir es im Premium-Kollektiv schließlich auch. Wir versuchen erst einmal, alles konsensdemokratisch zu entscheiden und zu organisieren, und nur dann, wenn das nicht funktioniert, kehren wir zu einer hierarchischen Struktur zurück. Wann dieser Ausnahmefall eintritt, entscheide ich letztlich auch.

Dieser Vorschlag überzeugte auch die Emiratis und reduzierte die Abwanderung von Forscherinnen deutlich, denn er vereinte das Beste aus zwei Welten – die Synergien einer flachen Organisation und die Entscheidungsgewalt an der Spitze –, ohne diese Spitze der Basis auszuliefern. Es bedeutet natürlich große Macht, über den Ausnahmezustand entscheiden zu können – deshalb darf diese Macht nur benutzt werden, wenn es keine andere Option gibt, sonst verspielt man das Vertrauen der Betroffenen. Diese Kombination des Besten aus zwei Welten langsam einzuführen, empfehle ich fast allen, die mich fragen, wie sie ihr Geschäft verbessern können.

Der erste Schritt besteht jedoch darin, vom Anderen her zu denken, denn das größte Potenzial für Verbesserungen liegt im

Austausch zwischen den Betroffenen. Das hat sich bisher in allen Organisationen gezeigt, die ich beraten habe – vom Hamburger Partykollektiv Schaluppe, das gemeinsam ein Kulturfloß gebaut hat und betreibt, über klein- und mittelständische Unternehmen wie den Heimbetreiber Pflegen und Wohnen bis hin zu großen Konzernen wie den Sparkassen oder der Deutschen Bahn. Auch im Forschungsinstitut der Vereinigten Arabischen Emirate war das so. Gute Unternehmen organisieren einen Austausch unter ihren Mitarbeiterinnen und tun das, wenn sie besonders gut sind, über die Hierarchiegrenzen hinweg. Aber an alle diejenigen vermeintlich Externen, die von den Entscheidungen betroffen sind, denken nur wenige. Das liegt auch daran, dass sie an der Unterscheidung zwischen ihrem Unternehmen und den anderen Unternehmen festhalten und damit eine Trennung zwischen Innen und Außen postulieren, die es in den Abläufen insofern nicht gibt, als die anderen ja immer auch von den Entscheidungen betroffen sind und sie weiterverarbeiten müssen beziehungsweise ihrerseits Entscheidungen treffen, die auf das eigene Unternehmen Auswirkungen haben. In dem Maße, in dem einzelne Unternehmungen miteinander verschaltet und wechselseitig von ihren jeweiligen Prozessen betroffen sind, müssen sie ihre Entscheidungen auch aufeinander abstimmen oder miteinander koordinieren, damit sie zusammenarbeiten können. Und sie können das umso besser, je besser sie miteinander kommunizieren. Solange Unternehmen ihre Entscheidungen nur intern besprechen, ist diese Kommunikation nicht ausreichend, und das erzeugt Probleme. Sie müssen abwarten und beobachten, wie die anderen auf ihr Verhalten reagieren und es gegebenenfalls anpassen. Dass sich durch solche Rückkopplungen Synergieeffekte ergeben, ist höchst unwahrscheinlich. Sie entstehen erst, wenn die Trennung zwischen Innen und Außen aufgehoben und eine Form der Kommunikation etabliert wird, die nicht mehr indirekt, sondern direkt stattfindet.

Anders gesagt: Man redet nicht über-, sondern miteinander. In diesem Sinne sparen wir uns im Premium-Kollektiv unter anderem aufwändige Marktanalysen und reden lieber direkt mit unseren Konsumentinnen. Sie können sich auch im Forum beteiligen. Aus der Perspektive eines Konsumenten ist unser Unternehmen nebenbei gesagt auch entstanden. Ich war im Jahr 1999 Konsument von einer anderen Cola-Marke und hatte mich geärgert, dass diese das Rezept geändert hatten, ohne mich zu fragen. Die alte Cola schmeckte mir besser, ich konnte bald aber keine mehr kaufen. Ich war von der Entscheidung also betroffen, aber nicht miteinbezogen worden. Das verärgerte mich. Um das zu ändern, beschloss ich nicht nur, das alte Rezept unter dem neuen Namen Premium-Cola selbst zu vertreiben, sondern auch ein Unternehmen zu gründen, das in seine Entscheidungen alle miteinbezieht, die davon betroffen sind. Daraus ist das Premium-Kollektiv geworden und mit den Erfahrungen, die ich darin gesammelt habe, berate ich mittlerweile auch andere Firmen, wie sie besser werden und mehr Synergien erreichen können. Und das heißt eben oft, zuallererst von der anderen Seite auszugehen.

Damit ist jedoch nicht gemeint, dass man es allen anderen recht machen muss, denn es gibt auch eine ganze Reihe von Entscheidungen, von denen die andere Seite zwar betroffen ist, bei denen es aber nicht darauf ankommt, dass sie nach ihrem Geschmack sind, sondern nur darauf, dass sie damit leben kann. Auch das habe ich in unserem demokratischen Entscheidungsverfahren gelernt. Es half mir auch dabei, bei den Problemen des Schaluppe-Kollektivs zu helfen oder, besser gesagt, Letzterem zu helfen, sie nicht mehr lösen zu müssen.

Das Schaluppe-Kollektiv kommt wie wir aus Hamburg und kam auf mich zu, weil sie gehört hatten, dass ich Erfahrungen mit Konflikten in Kollektiven habe und bat mich um Hilfe. Sie hatten gemeinsam ein zwanzig Tonnen schweres Floß als Veranstaltungsplattform gebaut und standen nun vor dem Problem, ein gemeinsames Ziel für dessen Betrieb finden zu müssen. Zumindest meinten sie das und hatten sich dabei übel zerstritten. Der eine wollte sofort mit der nächsten Veranstaltung loslegen, andere wollten erst einmal dekorieren, wieder andere auf der Plattform politische Zeichen setzen und es gab auch diejenigen, die auf die wirtschaftliche Tragfähigkeit des Unternehmens hinwiesen, die schon wacklig war, weil sich nichts bewegte. Wie sollten auch all diese Ziele zu einem gemeinsamen Ziel vereinbar sein?

Ich riet ihnen, sich nicht auf ein Ziel zu einigen, sondern nur auf eine gemeinsame Richtung. Dieser Gedanke eliminierte viele Streitpunkte von vornherein und machte das Projekt wieder handlungsfähig. Sie sollten sich vorstellen, wir gingen alle gemeinsam zum Bäcker. Ich tue das, weil ich mir ein Brot kaufen will. Eine andere will sich die Beine vertreten. Ein dritter will eine rauchen. Wieder eine andere will sich mit uns unterhalten und kommt deshalb mit. Wir müssen mit dem Gang zum Bäcker nicht dasselbe Ziel verfolgen, um zusammen hinzugehen. Wichtig ist nur, dass wir mit dem, was die anderen im Einzelnen damit bezwecken, leben können. Dann wird die Gruppe als Ganzes vielseitiger und stärker. Darauf zielt auch unsere »Kannst du damit leben«-Regel. Sie geht von den anderen aus, aber nicht so, dass sie die Entscheidung nach ihren Wünschen richtet – wenn die zu heterogen sind, geht das gar nicht –, sondern nur so, dass sie fragt, was diesen anderen zumutbar ist und was nicht. Dahinter verbirgt sich eine grundlegende ethische Einstellung. Philosophen würden hier vielleicht von einer Verantwortung sprechen, die jede gegenüber den anderen hat – zu überlegen, ob die Konsequenzen des eigenen Handelns den anderen zugemutet werden können oder nicht. Für mich hängt auch diese Forderung mit der Gleichwürdigkeit der Menschen zusammen.

Pflegen und Wohnen betreibt dreizehn Pflege- und Altenheime in Deutschland. Das Unternehmen hatte in zwei Heimen das Problem, dass sie jeden Monat eine große Zahl an Essen wegwarfen. Natürlich war die Zahl der Bewohnerinnen in der Küche bekannt und es war klar, wie viele Essen zu den jeweiligen Mahlzeiten benötigt werden würden. Trotzdem wurden jeden Tag viele Essen entsorgt. Auch hier sprach die Geschäftsleitung nicht direkt mit den Betroffenen. Sie fragte weder die Bewohnerinnen, was oder wie viel sie gerne essen wollten, noch das Pflegepersonal, wie seine Eindrücke waren. Es wurde auch nicht systematisch abgefragt, ob tatsächlich alle Bewohnerinnen im Haus waren oder die eine oder andere gerade im Krankenhaus oder aus sonst einem Grund zu einem Essen nicht anwesend waren. Mit der Großküche, die das Essen lieferte, wurde schon mal gar nicht gesprochen. Schließlich sei das ein externes Unternehmen, mit dem könne nicht gesprochen werden und das wolle auch gar nicht kommunizieren. Dieses Missverständnis konnte ich ausräumen. Ein Unternehmen, das das Essen liefert, ist in diesem Zusammenhang nicht extern, sondern ein Teil des Ganzen. Ich befragte also die Bewohnerinnen und das Personal, besprach die Ergebnisse mit der Großküche und die Vorschläge der Küche wiederum mit dem Heim. So konnten in den beiden Häusern, in denen ich in der Vergangenheit gearbeitet habe, eine große Zahl an Essen eingespart werden. Das ist gut fürs Budget, für die Umwelt und für die Ethik ebenso. Der Schlüssel war auch hier, einen Austausch zwischen den Betroffenen herzustellen.

Eine weitere Gemeinsamkeit, die ich in vielen Organisationen festgestellt habe, ist die, dass Veränderungen umso länger dauern, je älter, silo-artiger und insgesamt fragmentierter eine Organisation ist. Silo-artig heißt, dass die Unterscheidung zwischen intern und extern sogar innerhalb der Organisation gilt, etwa zwischen einzelnen Abteilungen. Dieser Zeithorizont entscheidet auch mit darüber, ob eine Veränderung des Unternehmens noch möglich oder wünschenswert ist oder nicht. Unter Umständen ist es dann besser, den Laden zu schließen und etwas Neues an seine Stelle zu setzen. Jemand aus der Autoindustrie hat mir einmal gesagt, sie müssten nichts ändern, weil sie »die Taschen voll« hätten und noch gut zwanzig Jahre brauchen würden, bis sie ihre Produktion komplett auf alternative Mobilität umgestellt hätten. Ich finde das angesichts der ökologischen Probleme, die zum Beispiel mit Verbrennungsmotoren verbunden sind, und angesichts der Klimakatastrophe, auf die wir zulaufen, viel zu lange und meine, ein Unternehmen, das sich schwertut, überfällige Veränderungen vorzunehmen, sollte geschlossen und durch ein beweglicheres ersetzt werden. Natürlich ist so ein Autokonzern wichtig, aber er ist nicht wichtiger als der Planet, auf dem wir leben. Wenn wir den nicht retten, können Konzerne auch keine Autos mehr verkaufen.

Die alten und fragmentierten Strukturen, die das Unternehmen daran hindern, sich zu wandeln, sind nicht nur ökonomischer oder organisatorischer Natur, sondern mitunter auch persönlicher. Dann sind es gerade die Entscheidungsträgerinnen, die einer Veränderung im Wege stehen, sei es, weil sie eine Veränderung überfordern würde, sei es, weil sie durch persönliche Interessen an die überkommenen Strukturen gebunden sind und sich einer Veränderung aus Berechnung entgegenstellen. Nicht selten verrechnen sie sich jedoch dabei und gefährden das Unternehmen und damit ihren eigenen Wohlstand. Solche Entscheidungsträgerinnen sollten zum Wohle des Unternehmens ausgetauscht werden.

Diese möglichen Widersprüche zwischen dem persönlichen Interesse der Entscheidungsträgerinnen oder Eigentümerinnen eines Unternehmens berühren zwei Grundprobleme, auf die ich in meiner Arbeit reagiere. Nur weil jemandem etwas gehört, ist sie nicht allein kompetent, darüber zu entscheiden. Und sie sollte das auch gar nicht dürfen, zumindest nicht aus dem Grund, dass ihr die Sache gehört. Denn es ist weder im Sinne meiner ethischen Grundannahmen richtig, dass Menschen über ihren Besitz entscheiden, ohne dass sie alle, die von dieser Entscheidung betroffen sind, in die Entscheidung miteinbeziehen, noch ist es klug, das zu tun, denn die besten Entscheidungen werden erst dann getroffen, wenn alle Betroffenen miteinbezogen werden. Ein – zumindest in weiten Teilen – kollektives Wirtschaften macht das Wirtschaften fairer und erfolgreicher, also besser. Als Berater unterstütze ich Unternehmen dabei, entsprechende Wandlungsprozesse zu vollziehen. Eine gute Gelegenheit dazu sind beispielsweise Unternehmensnachfolgen. Hier besteht mit einer (teilweisen) Kollektivierung die Möglichkeit, die Wirtschaft sozialer und das eigene Unternehmen zukunftsfähiger zu machen. Als Moderator solcher Prozesse stehe ich gerne zur Verfügung.

— SEWIL ANDERSON, *Vertrieb*

Ich bin seit November im Premium-Kollektiv. Vorher habe ich im Personalbereich und im Vertrieb gearbeitet. Von diesen Tätigkeitsfeldern wollte ich mich eigentlich lösen, weil sie mir nicht behagt haben, bei Premium mache ich aber genau das und es gefällt mir sehr gut, weil es ganz anders ist. Das fing schon bei der Bewerbung an, für die die gar keine Unterlagen sehen wollten. Uwe sagte: »Die Unterlagen zeigen nur, was du früher gemacht hast. Wir interessieren uns jedoch dafür, was du in Zukunft machen möchtest.« Dass ich jetzt gerne im Vertrieb arbeite, liegt daran, dass ich das Produkt gut finde, das ich vertreibe, und die Menschen mag, mit denen ich zusammenarbeite. Das war früher nicht so, macht für mich aber einen Riesenunterschied. Ich betreue auch die Sprecherinnen von Premium in den einzelnen Städten und Regionen, unterstütze sie bei ihrer Arbeit und führe die Ergebnisse zusammen, damit wir einen Überblick behalten. Dabei hat jede ihren eigenen Weg. Eine kontaktiert nur linke Gastronomie, eine andere nur vegane, wieder anderen ist das egal. Aber jeder Weg ist in Ordnung. Jede darf ihre Arbeit so machen, wie sie das für richtig hält, ihren eigenen Werten folgend. In den Firmen, in denen ich vorher gearbeitet habe, spielten die persönlichen Überzeugungen überhaupt keine Rolle. Hauptsache Umsatz. Bei Premium ist das umgekehrt. Die individuelle Wertschätzung ist die Hauptsache, der Umsatz nur ein Mittel, damit das Kollektiv prosperiert.

Das hat sich für mich persönlich zum Beispiel in zwei Fällen gezeigt. Ich hatte immer schon Probleme mit meinem Vornamen Sewil, viele meiner Kolleginnen konnten das nicht richtig aussprechen. So war es auch bei Premium. Ich habe mir deshalb ein Kürzel zugelegt SAN, meine Initialen, und im Forum vorgeschlagen, mich in Zukunft so zu nennen. Das sollte es für alle einfacher machen. Für die anderen, denen mein Name schwer über die Lippen ging, und für mich, die nicht dauernd falsch angeredet werden wollte. Uwe spürte jedoch, dass ich mir diesen Kompromiss schweren Herzens abgerungen hatte und am liebsten doch mit meinem Vornamen angesprochen werden würde anstatt mit einem Kürzel. Deshalb hat er im Forum geschrieben, dass nicht ich mich der Situation anpassen müsse, sondern die anderen. Jede sollte bitte meinen Namen lernen und mich anreden, wie ich heiße. Dass sich jemand in einer Sache, die von meinen früheren Arbeitgebern als Lappalie abgetan worden wäre, so für mich einsetzt, kannte ich nicht. Vielleicht wäre es für andere auch nicht so wichtig gewesen wie für mich. Bei Premium achten wir hingegen auf die individuellen Wünsche und Bedürfnisse. Auch das heißt Gleichwürdigkeit.

Mein zweites Beispiel für die individuelle Wertschätzung kommt direkt aus dem Vertrieb. Wir drucken neuerdings Bar-

codes auf die Flaschen, damit unsere Getränke auch im Einzelhandel verkauft werden können. Damit eröffnen sich uns ganz neue Vertriebswege, wir werden von der Gastronomie und alternativen Händlern unabhängiger. In Hamburg steht zur Debatte, in einer Supermarktkette aufgenommen zu werden. Das ist eine große Chance für uns. Neben einem dieser Geschäfte befindet sich ein Unverpackt-Laden, der unsere Getränke verkauft. Deshalb fragten wir die Leute dort, ob es für sie in Ordnung wäre, wenn wir mit der Kette zusammenarbeiten würden, bevor wir dem Nachbargeschäft zusagten. Wären sie damit nicht einverstanden gewesen, hätten wir die Zusammenarbeit mit dem Supermarkt nicht begonnen.

8

Wie ich wurde, was ich bin

Ich habe früh angefangen zu arbeiten und viele verschiedene Jobs gemacht. Das musste ich auch, denn das Geld war bei uns zu Hause immer knapp. Nicht nur das Geld, sogar das Essen. Meine Mutter war alleinerziehend, wir bezogen Sozialhilfe und mussten alles rationieren, auch Lebensmittel. Käse, Brot, Milch – das war alles eingeteilt. Für andere Sachen war schon mal überhaupt kein Geld da. Ich habe den Blumenladen ums Eck geputzt, um mir das Geld für ein Skateboard zu verdienen und mit dem Board dann die Blumen ausgefahren, um ein bisschen Taschengeld zu haben.

Später war ich Handlanger auf dem Bau, Barkeeper, Gabelstaplerfahrer und Universitätsdozent. Tatsächlich war die Arbeit auf dem Bau aber entscheidend für mich. In der Schule war mir ein vielleicht traditionelles, aber für mich negatives Gesellschaftsbild vermittelt worden. Es gab »die Guten und die Kümmels«, wie es bei uns hieß. Die Guten, das waren die Kinder der leitenden Angestellten, der Sparkassendirektoren und höheren Beamten. Die »Kümmels« das waren die Kinder von Einwanderern, Handwerkern und einfachen Angestellten. Ich als Kind einer Sozialhilfeempfängerin gehörte zu keiner der Gruppen, ich war einfach gar nichts. Wir Kinder reproduzierten hier eine hierarchische Gesellschaftsordnung, in der es unten und oben gibt und in der die, die oben sind, auf die, die unten sind, herabblicken. Auf dem Bau war das ähnlich, nur waren die Rollen genau andersherum verteilt. »So einen Anwalt kann man doch gar nicht ernst nehmen«, sagten die Maurer. »Mit seinem feinen Anzug, dem Aktenkoffer und den italienischen Tretern kriegt der doch keinen Nagel in die Wand. Und darf sich auf gar keinen Fall schmutzig machen. Oh nein, Dreck!« Mir war diese Haltung sympathisch, weil sie eine Hierarchie umdrehte, unter der auch ich als Kind gelitten hatte – auch wenn ich durch das Raster fiel, weil ich zwar nicht aus reichem

Hause kam, aber gut in der Schule war. Mir war aber auch klar, dass die verkehrte Ordnung vom Bau genauso falsch ist wie die aus der Schule, denn wir brauchen in der Gesellschaft beides, Maurer und Anwälte. Die Frage ist also nicht, wer von beiden besser oder schlechter ist, mehr oder weniger wert, denn diesen Unterschied gibt es zwischen Menschen nicht. Die Frage war vielmehr, wie wir unsere Gesellschaft organisieren, damit beide gut zusammenleben und zusammenarbeiten, sie sich als gleich(würdig) anerkennen und sich ihre Gleichheit beziehungsweise Gleichwürdigkeit auch in gleichen Lebensumständen widerspiegelt.

Das war ein Schlüsselerlebnis für mich. Diese Einsicht ist durch die Vielfalt der Jobs, die ich über die Jahre gemacht habe, verstärkt worden. Ich habe die Abhängigkeit des Gelingens meiner Arbeit vom Gelingen der Arbeit von anderen persönlich erlebt, nicht nur einmal, sondern hundertmal, und nicht nur in einem Job oder auf einer Hierarchieebene, sondern in vielen verschiedenen Tätigkeiten und auf allen Ebenen. Keine kann ohne die anderen erfolgreich sein. Gelingen ist immer Teamwork und je besser die Beteiligten kooperieren, desto größer ist ihr Erfolg.

Dabei habe ich auch gelernt, mit den unterschiedlichsten Menschen zu einer Lösung zu kommen. Sei es mit den Bauarbeitern, für die ich Steine gepackt und Mörtel geschleppt habe, sei es mit den Logistikerinnen, für die ich Gabelstapler gefahren bin, sei es mit den Universitätsprofessorinnen, Staatsrätinnen und Hochschulrektorinnen, für die ich Organisationsänderungen oder Studiengänge mitkonzipiert und evaluiert habe, oder sei es mit den Managerinnen vieler Sparkassen und einem Finanzdienstleister, denen ich geholfen habe, ihre Zusammenarbeit zu verbessern.

Ich lasse mich in meiner Arbeit weniger von bestimmten ökonomischen oder gesellschaftlichen Ideen leiten als von meiner eigenen Analyse. Viele, mit denen ich heute rede, sagen: »Klar, das ist doch Gemeinwohlökonomie, was du machst.« Oder nennen es »agiles Arbeiten« oder »Nachhaltigkeitsmanagement«. Ich sehe diese Parallelen durchaus und einige davon werden in diesem Buch ja auch beleuchtet. Ich setze aber nicht bei der Theorie an, die ich dann auf die Situation beziehe, sondern bei der konkreten Situation. Das war schon so, als ich begann, mich mit einer alternativen Form des Wirtschaftens zu beschäftigen. Ich habe kein Buch über Gemeinwohlökonomie gelesen und mir gedacht, »Ja, so sollte man es machen«, sondern mir überlegt, wie es meiner Meinung nach am besten wäre und wie wir dahinkommen könnten. So gehe ich fast alle Probleme an. Ich funktioniere am besten allein in meinem Zimmer, mit einem Stift und Papier und dem Problem, das ich lösen möchte. Ich weiß, dass das teilweise meiner Aussage widerspricht, Probleme ließen sich am besten im Team lösen und Entscheidungen sollten mit allen Beteiligten ausdiskutiert werden, aber ich fühle mich in großen Gruppen oft unwohl und kann mich nicht gut konzentrieren, wenn ich mit anderen zusammen bin. Bei öffentlichen Auftritten ziehe ich, wenn möglich, die Schuhe aus, um es mir bequem zu machen. Ich werde dann ruhiger und verliere ein bisschen von der Nervosität, die mich angesichts vieler Menschen immer noch befällt. Da hilft auch keine Gewöhnung.

Vielleicht stehen die Scheu und das Eigenbrötlerische, das mir auch meine Freunde nachsagen, tatsächlich im Widerstreit mit meinem Eintreten für kollektive und deliberative Prozesse. Vielleicht entstehen durch diese Spannung aber auch gute Impulse für die Arbeit. Im Hinblick auf unsere demokratischen Entscheidungsfindungen ist es zum Beispiel so, dass eher technische Fragen oder Fragen, deren Beantwortung eine genaue Sachkompetenz erfordern, keine breite Beteiligung hervorrufen – anders als Fragen des persönlichen Geschmacks oder des eigenen Konsumverhaltens. Wie sollten sie auch? Um solche Fragen zu entscheiden, muss man sich eben mit der Materie sehr genau auskennen oder über das Problem sehr gründlich nachgedacht haben, am besten beides. Ich tue mal das eine, mal das andere und habe zum Glück immer eine Person, die den anderen Part übernimmt. Wir geben unsere Überlegungen dann in das Forum, manchmal schon als vorformulierte Entscheidungsvorlagen. Viele Entscheidungen im Kollektiv beruhen also auf ein- oder zweisamen Überlegungen im stillen Zimmer. Nachdenken und Beratschlagen gehen Hand in Hand. In dem Begriff »deliberativ«, mit dem einige Autorinnen unsere Arbeit beschreiben, ist beides enthalten.

Nach dem Abitur und meinem Zivildienst habe ich Werbekaufmann gelernt. Das ist mir heute fast ein bisschen peinlich, weil der Beruf dadurch, dass er Bedürfnisse weckt, die vorher nicht da waren, oder oft auch sexistische Geschlechterrollen prägt, für mich mittlerweile negativ konnotiert ist. Damals war die Ausbildung aber richtig für mich. Ich hatte vorher einen Autohändler kennengelernt, der versuchte, Lieferwagen an Handwerkerinnen zu verkaufen, aber, wie ich meinte, die Sache nicht optimal anging. Seine Annoncen waren zu kompliziert formuliert und das Brillenetui, das er als Werbegeschenk zum Ford Transit mitgab, löste unter seinen Kundinnen auch keine Begeisterung aus. Ich schlug ihm vor, nur zwei Worte in die Annonce zu schreiben: »Transit. Garantiert.« Denn Ford gab vier Jahre Garantie auf den Lieferwagen und das war damals viel. Außerdem ließ ich als Werbegeschenk Fäustel herstellen, in deren Stiel dieser Slogan eingraviert war. Damit konnten die Handwerkerinnen etwas anfangen. Mit dem Hammer sowieso, aber auch die Botschaft war klar. Der Wagen war so robust und langlebig wie ein Hammer. Die Kampagne lief gut und so kam ich in eine Werbeagentur, die mich dann in Kooperation mit einem Versicherungskonzern ausbildete.

Nach der Ausbildung blieb ich noch drei Jahre in der Firma beschäftigt, dann machte ich mich mit der Übersetzung von Werbematerial und Betriebsanleitungen selbstständig. Die Werberinnen nennen das Lokalisierung: der Transfer von Werbeaussagen von einer Sprache in die andere.

Währenddessen nahm ich mein Studium der Wirtschaftspsychologie an der Universität Lüneburg auf und kam langsam in den Hochschuldienst. Dieser Wechsel ergab sich eher zufällig. Ich musste eine Studienarbeit schreiben, die ich unnötig und blöd fand, und tat mich deshalb mit anderen Studentinnen zusammen. Wir teilten die Arbeit so unter uns auf, dass jede Einzelne möglichst wenig machen musste. Das fand eine Lehrende heraus. Sie sah darin jedoch kein unerlaubtes Vorgehen, sondern den Ausweis eines besonderen Talents für ökonomisches Arbeiten und organisatorische Zusammenhänge. So kam ich in den Hochschuldienst, zunächst als studentische Hilfskraft, dann als Angestellter, schließlich als Führungskraft. Ich arbeitete erst in der Professional School, für deren Weiterbildungsstudiengänge ich das Marketing verantwortete. Zeitgleich hatte ich einen Zweitjob im Center for Sustainability Management, das jedoch mit der Professional School zerstritten war, weshalb ich zwischen beiden vermitteln konnte. Anschließend war ich im Innovationsinkubator tätig. Das war ein von der EU gefördertes Großprojekt mit hundert Millionen Euro Volumen, das als Kooperation zwischen der Universität und der lokalen Wirtschaft den Wissenstransfer von der Uni in die Wirtschaft anregen und damit die Wirtschaft in Niedersachsen fördern sollte. Hier leitete ich die Kommunikation.

Leider war mein Chef dort nicht der richtige für mich. Er konnte mir weder eine klare Orientierung im Hinblick darauf geben, was die konkreten Ziele des Projektes waren, noch nachvollziehbare Vorgaben, wie ich arbeiten solle. So sollte ich beispielsweise die Homepage des Projekts neu gestalten, sie aber nicht auch gleich programmieren beziehungsweise aufsetzen. Das erschien mir nur doppelte Arbeit. Denn für die Gestaltung musste ich ein hundertseitiges Worddokument für das Content Management System Typo 3 anlegen – als Briefing für diejenige Stelle, die die Seite später aufsetzen und online stellen sollte. Ich hatte zuvor schon viele Homepages selbst programmiert und auch Zugang zum Uniserver und dachte mir, es wäre doch viel besser, wenn ich die Homepage gleich selbst programmieren und in einem geschützten Bereich auf dem Server der Uni ausprobieren würde. So könnte ich die Gestaltung, die ja meiner Verantwortung oblag, auch gleich selbst optimieren und sparte mir den unnötigen und ineffektiven Zwischenschritt über die Programmierer. Das lehnte mein Chef trotz wiederholter Fragen ab. »Führungskräfte«, sagte er, »machen so etwas nicht selbst. Die lassen das machen.« Entsprechend sollte auch ich, die Kommunikationsführungskraft, die Seite programmieren lassen und das nicht selbst tun. Mir schien das im Sinne der Qualität der Arbeit falsch zu sein und da ich nirgendwo arbeiten wollte, wo mir sinnlose Umwege aufgebürdet wurden, kündigte ich und widmete mich in der Folge ganz dem Premium-Kollektiv. Das war damals bereits achteinhalb Jahre alt und konnte von meiner ungeteilten Aufmerksamkeit nun profitieren. Vorher hatte ich es bewusst »nebenbei« aufgebaut und meinen Lebensunterhalt mit anderen Jobs gedeckt.

So ein langsamer und schrittweiser Aufbau ist meines Erachtens für die Gründung von Unternehmen am besten. Er lässt Zeit, alles mit allen gründlich zu besprechen und nimmt den allzu großen Druck, der auf vielen klassischen Gründungen lastet. Wer, wie es in den großen Gründungserzählungen oft geschildert wird, eine Idee hat, einen Businessplan schreibt, Investorinnen sucht, einen alten Job kündigt und dann Vollgas gibt, macht sich das Leben unnötig schwer. Sie ist gezwungen, in einem kleinen Zeitfenster (meist in drei Jahren) erfolgreich zu sein. Sie muss von Anfang an die Raten bedienen und kann sich gar nicht so intensiv um ihr Unternehmen kümmern, wie das nötig wäre. Anstatt sich mit der Qualität ihres Produkts, den Produktionsbedingungen und der Arbeitsorganisation zu befassen, muss sie von Anfang an sehen, möglichst viel zu verkaufen, rentabel zu sein und nicht nur das Geld zu verdienen, das sie zum Leben und für die Entwicklung ihres Unternehmens braucht, sondern auch für die Rendite der Investorinnen zu sorgen.

Genau das wollte ich nicht. Ich wollte nicht jeden Monat einen Kredit abzahlen und bestimmte Umsätze erreichen müssen, sondern mir die Zeit nehmen, es gut zu machen. Deswegen habe ich mein Unternehmen nebenbei und Schritt für Schritt aufgebaut, bis es groß und stabil genug war, mich ganz zu tragen. Dass das dann der Fall war, als ich meine Anstellung nicht mehr weiterführen wollte, war natürlich ein großes Glück. Ich war jedoch auch der Letzte, der seine Stunden im Premium-Kollektiv abgerechnet hat. Alle anderen wurden schon bezahlt, als ich noch voll und ganz von meinem Uni-Gehalt lebte.

Andersherum empfehle ich meinen Mitkollektivistinnen, sich auch immer noch einen anderen Job zu suchen als den bei Premium. Das macht sie unabhängiger und diese Unabhängigkeit ist nicht nur gut für sie, sondern auch für das Kollektiv. Wer weiß, ob jede in allen Diskussionen immer ihre ehrliche Meinung sagen würde, wenn sie wirtschaftlich vom Kollektiv abhängig wäre – bei aller Sicherheit durch unsere Kündigungsregel –, und ob wir alle Entscheidungen im Sinne der langfristigen Prosperität des Kollektivs treffen würden, wenn das Überleben der einzelnen Kollektivistinnen im nächsten Monat nur von der Zahlung aus dem Kollektiv abhinge. Außerdem lässt sich so der Vorwurf der Scheinselbstständigkeit ausräumen, dem diejenigen von uns ausgesetzt sein könnten, die mehr als die Hälfte ihrer Zeit für uns arbeiten. Dafür müssten sie zum Beispiel fünf Sechstel ihres Einkommens über das Kollektiv beziehen. Dann sähe der Gesetzgeber eine wirtschaftliche Abhängigkeit. Ich finde das etwas zu großzügig gerechnet und glaube, dass diese Abhängigkeit schon da besteht, wo mehr als die Hälfte des Einkommens aus einer Quelle kommt und rate allen Mitkollektivistinnen, das zu vermeiden. Bei mir ist das manchmal anders, aber schließlich gehört mir das Unternehmen auch. Es gilt für viele Menschen noch als erstrebenswert, bei einer Arbeitgeberin voll beschäftigt zu sein, auch für manche Kollektivistinnen. Ich glaube jedoch, dass das für beide Seiten von Nachteil ist, denn die eine ist voll abhängig und der andere voll verantwortlich. Beides sollte vermieden werden. Auch für Inhabende ist es nicht gut, wenn sie von ihrem Unternehmen finanziell voll abhängig sind. Das trübt unter Umständen ihre Entscheidungsfähigkeit. Ich habe mir in der Corona-Zeit einen Zweitjob in der Pflege gesucht, um das Premium-Kollektiv zu entlasten.

9

In welcher Welt könnten wir leben?

»Das System funktioniert doch gut!« wird mir manchmal entgegnet, wenn ich von einer anderen Wirtschaftswelt schwärme, in der wir leben könnten. Stimmt das? Ich bin nicht überzeugt. Wir sehen eine starke Ungleichverteilung von Ressourcen, die sich in der Pandemie noch verschlechtert hat: Drei Männer besitzen nun so viel Reichtum wie die ärmere Hälfte der Weltbevölkerung zusammen. Zugleich leiden weltweit rund 700 Millionen Menschen an Hunger. Viele Länder versagen bei der Eindämmung dieser Pandemie, weil wirtschaftliche Interessen und kurzfristige ökonomische Ziele von der Politik höher gewichtet werden als die Leben von Menschen. Es sind dieselben Interessen, die in der Vergangenheit einen wirksamen Tier- und Umweltschutz verhindert haben, weswegen weitere Pandemien folgen werden. Es gibt weltweit Kriege um Ressourcen und diese werden zunehmen, ebenso wie die globalen Fluchtbewegungen von Menschen. Die Lebenserwartung von Menschen in Ländern mit einer hohen wirtschaftlichen Ungleichheit wie Brasilien oder Russland ist deutlich geringer als in Ländern mit einem für alle geringeren Lebensstandard wie Kerala in Indien. Und ganz nebenbei heizen wir den einzigen Planeten, auf dem wir als Menschheit leben können, konsequent immer weiter auf, sodass das Leben für viele zukünftigen Generationen von Menschen drastisch erschwert bis unmöglich wird. Ohne Menschen gibt es auch keine Wirtschaft mehr. Ein System, das die eigene Lebensgrundlage zerstört, kann ich nicht als funktionierend bezeichnen.

Wir brauchen etwas Besseres, Zukunftsfähigeres. Das gibt es schon und es hat in der Geschichte der Menschheit eine zentrale und nachhaltige Rolle gespielt: die Kooperation. Nur gemeinsam schaffen wir es, die Probleme zu vermeiden oder zu lösen, mit denen wir konfrontiert werden und die niemand allein lösen kann. Nur gemeinsam schaffen wir es, Potenziale zu realisieren, die

Menschen als Einzelne nicht realisieren könnten – selbst wenn es Fähigkeiten sind, die in ihnen selbst schlummern.

Ich gehe davon aus, dass die große Mehrheit der Menschen im Kern gut ist. Wenn wir die Menschen mit gleicher Würde und Wertschätzung behandeln, dann erzeugen wir mehr positives Verhalten. Und wenn wir die Menschen mit einer negativen Grundhaltung und weniger Würde und Wertschätzung behandeln, weil wir negativen Verhaltensweisen wie zum Beispiel mangelnder Verantwortungsübernahme, Diebstahl oder Streitigkeiten vorbeugen wollen und daher Mechanismen wie Anweisungen, Kontrollen und Verträge einführen, dann erzeugen wir mehr negatives Verhalten. Das Beste aus konventioneller und alternativer Wirtschaft zu verbinden ist möglich; denken Sie an das Beispiel aus den Vereinigten Arabischen Emiraten in einem früheren Kapitel. Viele Probleme in der Wirtschaftswelt sind selbstgemacht. In einer auf Kooperation und Menschenwürde ausgelegten Wirtschaft hätten wir diese nicht.

Wie kommen wir nun von der einen in die andere Welt? Wären dafür nicht umfassende politische und gesellschaftliche Änderungen nötig? Ja, die Änderungen sind nicht klein, aber wir müssen damit anfangen, sonst: siehe oben.

Wer kann mit diesen notwendigen Änderungen beginnen? Ich dachte früher, als einzelner Mensch kannst du nichts ändern. Das System ist so mächtig, die Strukturen sind so festgefahren, da kann eine Person alleine nichts ausrichten. Das ist auch so, aber: Jedes Handeln involviert andere Menschen. Und sobald ich anfange, in meinem Handeln die Gleichwürdigkeit anderer Menschen anzuerkennen, beeinflusst das auf lange Sicht auch die Art und Weise, wie diese mir begegnen. Mit jedem Handeln, das Wert und Würde anderer anerkennt, baue ich ein Netzwerk auf, sorge für gute Bekanntschaften, stifte Allianzen und schließe Freundschaften. Dann bin ich nicht mehr alleine und kann sehr viel ausrichten. Die Wirtschaft lässt sich hacken.

Was ist nötig, um den Wandel voranzubringen, und das in verschiedenen Zusammenhängen zu tun? Ich dachte früher, es ist auf jeden Fall Startkapital nötig, es braucht eine zündende Geschäftsidee, Fachwissen ist nötig, Erfahrungen sind auch nötig. All das hilft sicherlich, aber es ist nicht zwingend nötig, um ein funktionierendes Unternehmen aufzubauen. Bei keinem meiner bisherigen Projekte hatte ich diese genannten Voraussetzungen. Ich habe einfach angefangen, alle Betroffenen gefragt und gemeinsam Lösungen gefunden, die Entscheidungsmacht und den Zugriff auf Ressourcen geteilt. Damit habe ich viele Probleme, die andere Gründerinnen haben, nicht nur vermieden, sondern auch viele Potenziale realisieren können, die andere nicht auszuschöpfen vermögen. Das Einzige, was ich hatte und habe, waren das Menschenbild der Gleichwürdigkeit und die Bereitschaft, diesem Bild über Jahre konsequent nachzufolgen. Das kannst Du, das können Sie auch.

Ist es nötig, ein Altruist zu sein, um so oder so ähnlich zu arbeiten? Diese Frage höre ich auch öfter und die Antwort ist für manche Menschen verwirrend: Nein – und ich bin auch ein Egoist. Ich habe nur andere Ziele als viele andere Unternehmende und ich sehe einen anderen Weg zu diesen Zielen. Für mich soll es auch ein ausreichendes Einkommen geben, natürlich. Dieses Einkommen soll so sicher sein wie möglich. Ich möchte zugleich möglichst große Freiheiten haben, ich möchte einen Sinn in meiner Tätigkeit sehen, möchte Reichweite für meine Veränderungswünsche, möchte mich regelmäßig weiterentwickeln können, möchte mich nicht verstellen müssen, sondern ich selbst sein dürfen, all das. Alles ganz handfeste Interessen und ich erreiche sie, indem ich mich um meine Mitmenschen und die gemeinsame Arbeit kümmere, denn umso besser kümmern sich diese Menschen auch um mich. Ich bin also viel besser versorgt, als wenn ich mich nur um meinen kurzfristigen Vorteil kümmern würde.

Der Co-Autor dieses Buches hat im Vorwort über mich geschrieben, meine Arbeitsweise ›mehre meinen Wohlstand‹, was mich zuerst gewundert hat. Wohlstand, ich? Tatsächlich geht es mir gut, ich habe materiell alles, was ich brauche und gehöre trotz unseres nicht sehr üppigen Einheitslohns zu den »oberen« paar Prozent dieser Gesellschaft. Das sagt für mich vor allem, dass wir vielen anderen Menschen zu wenig Ressourcen zuteilen, insbesondere in solchen Berufen, die für die Gesellschaft sehr wichtig sind. Es sagt aus meiner Sicht auch, dass es möglich ist, sich einen ausreichenden Lebensstandard zu erarbeiten, indem man sich um Menschen kümmert und die Idee ihrer Gleichwürdigkeit konsequent umsetzt. Ich weiß: Das gilt vor allem, wenn man ein weißer, deutscher Mann ist, anderen Menschen wird es sehr viel schwerer gemacht. Die Voraussetzungen sind ungleich. Dies zu ändern, ist eine gesellschaftliche Aufgabe, eine politische. Aber um diesen Prozess in Gang zu bringen, braucht es viele Einzelne, die auf das vertrauen, worauf ich in meinen Entscheidungen täglich vertraue: Es kommt alles zurück, was man dieser Welt mitgibt – im Positiven wie im Negativen. Es zählt, wie ich selbst handle. Wenn Du auch eine bessere, menschlichere und zukunftsfähige Wirtschaftswelt möchtest, fang an und ändere sie. Diese Wirtschaft lässt sich hacken. Manchmal nur von einer Person, von einer, die den richtigen Zugang hat, den passenden Code besitzt oder den besten Zeitpunkt für eine Interaktion erwischt. Diese Person könntest Du sein. Einfach loslegen. Je mehr Menschen das tun, desto stärker werden wir. Gemeinsam kriegen wir es hin, die Welt zu einer besseren zu verändern!

Mit Illustrationen von Paula (Nino) Bulling und einem Nachwort von Bini Adamczak

575 Seiten • Paperback
15,0 x 22,0 cm • 45 € (D/A)
ISBN 978-3-96317-164-2
Auch als E-Book erhältlich

FC-Kollektiv

FINANZCOOP ODER REVOLUTION IN ZEITLUPE

Von Menschen, die ihr Geld miteinander teilen

Das Buch stellt eine Gruppe von Menschen vor, die etwas anders machen als der Rest der Gesellschaft: Sie teilen ihr Geld, obwohl sie weder in derselben Stadt leben, noch durch familiäre Bande zusammengehalten werden. Mehrmals im Jahr kommen sie zusammen und regeln ihr finanzielles Auskommen der nächsten Monate. Dieses Modell heißt Finanzcoop.

Das gemeinsame Bankkonto, hervorgegangen aus dem Experiment einer WG im Jahr 1998, ist für die mittlerweile sieben Mitglieder zum Alltag geworden. Ihr regelmäßiger Austausch über Geld, materielle Werte und vor allem die eigenen Bedürfnisse hat sie zu Expert_innen gemacht. Dafür, was Geld in unserer Gesellschaft bedeutet, was es leistet, aber auch verunmöglicht. Und dafür, welche unentdeckten Freiräume eine andere Art von Ökonomie schaffen kann. In dieser Zwischenbilanz zu ihrem auf Lebenszeit angelegten Modell geben sie Einblicke, was ihre Neuerfindung einer Solidargemeinschaft, die quer zu Familie und Staat steht, bedeutet: für Partner_innen, Eltern und Kinder, für ihre Einstellung zu Erwerbsarbeit und unbezahlten Tätigkeiten, Nachwuchsplanung, Alterssicherung. In ihren Berichten und Reflexionen machen die Mitglieder des FC-Kollektivs deutlich, dass diese Neuordnung der eigenen Verhältnisse gar nicht so radikal ist und doch auch das: eine Revolution in Zeitlupe.